Athénaïs Michelet (1826–1899) war Schriftstellerin und mit dem berühmten französischen Historiker Jules Michelet verheiratet. Sie beobachtete ihre Katzen nicht nur zum Vergnügen, sondern auch mit wissenschaftlichem Anspruch. So tauschte sich die Autorin naturwissenschaftlicher Werke auch mit Charles Darwin über ihre Ergebnisse aus. *Meine Katzen* erschien erst nach ihrem Tod.

Florian Kranz studierte Mehrsprachige Kommunikation in Köln und Literaturübersetzen in Düsseldorf. 2021 nahm er am Goldschmidt-Programm der Frankfurter Buchmesse teil und übersetzt seitdem hauptberuflich Literatur aus dem Englischen, Französischen und Niederländischen.

Athénaïs Michelet

Meine Katzen

Wenn sie denn sprechen könnten

Aus dem Französischen
von Florian Kranz

Schöffling & Co.

Deutsche Erstausgabe

Erste Auflage 2024

Originaltitel: Mes chats
Originalverlag: Éditions Le Chat Rouge, 2015
Covermotiv: © »The Harvest« linocut by Helen Timbury,
www.helentimburydesign.com.au
Einbandgestaltung: Anja Grimm Gestaltung
Satz: Fotosatz Amann, Memmingen
Druck & Bindung: Pustet, Regensburg
ISBN 978-3-89561-897-0
www.schoeffling.de

Vorwort

Warum eigentlich noch über Katzen schreiben, wo das Thema doch bereits von so vielen schönen und klugen Büchern erschöpft zu sein scheint?

Ich sehe schon jetzt manch ein verschmitztes Lächeln vor mir: Madame spricht also mit ihrer Katze, das sagt doch sicher einiges über sie aus?

Das hoffe ich sehr, liebe Leserinnen und Leser. Aber bitte laufen Sie mir unterwegs nicht davon. Begleiten Sie mich doch auf dieser Forschungsreise, und Sie werden den Eindruck haben, wir begegneten uns tatsächlich. Die Annäherung wird durchaus ihren Charme haben. Und wenn Sie mich wiederum ebenfalls hin und wieder lächeln sehen, dann deshalb, weil ich mich plötzlich unwillkürlich an folgende Zeilen einer Fabel des guten Jean de La Fontaine erinnert fühle:

Jedes Geheimnis ist 'ne Last;
Den Frauen wird es schwer, sie weit zu tragen.
Hierin sind alle Männer fast
Auch Weiber nur, das muß ich sagen.

Von einem scharfsinnigen Schriftsteller stammen die folgenden, wahren Worte: »Die Katze kann in den Menschen in gleichem Maße Ablehnung und Zuneigung auslösen.« Niemand ist ihr gegenüber unempfindlich.

Dabei habe ich nicht gerade die prächtige Angorakatze vor Augen, die in eleganten Boudoirs anmutig und wie zur Zierde auf den Kissen sitzt. Dieses Exemplar ist im Grunde genommen nichts als Pelz.

Aber worin liegt das Geheimnis der großen und langlebigen Leidenschaft, die viele arme Menschen gegenüber diesen Tieren verspüren, die sich doch alles andere als einladend verhalten? Ihre mageren Flanken erzählen von den schweren Zeiten, die sie durchleiden mussten, bevor man sich um sie sorgte. Warum nehmen so viele Menschen, vor allem in den Städten, Katzen bei sich auf? Ist es eine Besessenheit schrulliger alter Jungfern und vernachlässigter Ehefrauen? Das scheint die einschlägige Antwort zu sein.

Niemand unter all denen, die ich gefragt habe, konnte nachempfinden, wie sehr die Sehnsucht nach Liebe ein einsames Herz plagen kann, und niemand wollte anerkennen, dass sich die ruhigen Gewohnheiten der Katze – eines Wesens, dem man Egoismus und wilde Unabhängigkeit nachsagt – letztlich am besten in das häusliche, ruhige Leben einer zurückgezogenen Frau fügen.

Ich kenne einige Katzen, die die Welt von der Geburt

bis zu ihrem Tode nur flüchtig, zwischen zwei Blumentöpfen hindurch, von der Fensterbank ihres Frauchens aus kennengelernt haben.

Tigrine setzt sich am liebsten auf meine Schultern, um zu beobachten, was auf der Straße passiert. Auch die Treppe macht sie neugierig; sie schaut durch die Geländerstäbe, als wollte sie ihre Entfernung zum Hof abschätzen. Doch stets muss jemand von uns bei ihr sein, damit sie beruhigt ist.

Schließt sich hinter ihr die Tür, scheint sie die Leere zu begutachten, die sie plötzlich umgibt. Wenn sich nichts regt, fürchtet sie sich und ruft um Hilfe.

Neulich abends schlich sie sich unbemerkt hinaus und kletterte bis ins vierte Stockwerk, höher traute sie sich nicht. Dort verharrte sie zunächst still.

Nach einer einsamen Viertelstunde jedoch geriet sie in Angst. Ihr sonst so sanftes Miauen klang plötzlich sonderbar. Man hätte sie für ein weinendes Kind halten können, so verzweifelt heulte sie. Wir alle riefen sie zu uns hinunter. Vor lauter Schrecken konnte sie keinen Schritt tun. In ihrem Köpfchen hatte sich die Furcht derart ausgebreitet, dass sie es nicht wagte, allein das Stockwerk herabzusteigen, das uns voneinander trennte. Ich musste sie zu mir holen. Wie ein Kind, das sich vor Verzweiflung nicht mehr halten kann, klammerte sie sich an mir fest und wollte in der mütterlichen Brust versinken. Nachdem wir sie ausgiebig gestreichelt hatten, wollten wir sehen, ob in ihrem Blick wieder Vertrauen lag, doch sie schaute uns nur traurig an, durch den Schleier zweier dicker Tränen.

Bei diesem vertraulichen Beisammensein zweier einsamer Seelen geht zuweilen eine erstaunliche Umkehrung vonstatten. Die stumme Träumerin, die eine geheimnisvolle Welt in sich zu tragen scheint, übt nach und nach immer größere Faszination auf jene Frau aus, die in ihrem Herzen Schätze der Zärtlichkeit birgt. Sie glaubt, einen Menschen vor sich zu sehen, und versteht alles, was die Katze sagen würde, wenn sie denn sprechen könnte.

Die Frau wird zum Muttersein geboren: Bereits im ersten Brabbeln erkennt sie die Intelligenz ihres Kindes, dafür sind keine Worte vonnöten. Die Mutter brabbelt ebenfalls und übersetzt somit ganz ausgezeichnet diese rätselhafte Kindersprache. Sanft dringt sie in die stumme Gedankenwelt des Wesens ein, das die Grenzen des Schicksals durchbrechen zu wollen scheint.

Sie kann seine Stille und seine leisesten Schreie in Worte fassen.

An anderer Stelle schrieb ich bereits, dass die Katze für mich schon sehr früh ein Forschungsobjekt, eine Freundin und fast eine Trösterin war. Und mehr noch als das, denn die Vorstellungskraft eines leidgeprüften Mädchens blüht auf, sodass sie jene älterer Menschen weit übersteigt.

Wer die traurige Geschichte von Moquo nicht vergessen hat, erinnert sich womöglich noch daran, dass im Haus meines Vaters siebzehn Katzen lebten. Stets gab es Gründe, erst diese, dann jene Katze am Leben zu lassen und bei uns aufzunehmen. Das Grundstück war groß, es gab Platz genug.

Natürlich verhielt sich nicht jede dieser vielen Katzen, die übrigens sehr unterschiedlicher Abstammung waren, wie ein kleiner Engel. Le Tisserand und sogar der ehrwürdigen Finette lastete so manche Sünde auf dem Gewissen; Zizi entlockte mir, trotz ihres vornehmen Gebarens und ihrer gewohnten Sittsamkeit, den einen oder anderen Fluch. Und auch die Katzenjungen ließen in Hinblick auf ihre Erziehung durchaus einiges zu wünschen übrig.

Mich erstaunte die Nachsicht, die wir unseren Tieren üblicherweise entgegenbrachten, auch wenn wir sie für ihre Taten verantwortlich machten. Allein die Gelehrten weigerten sich manchmal, sie als eigene Persönlichkeiten anzusehen.

Warum, fragte ich mich, rügten wir sie nur halbherzig und verziehen ihnen schon so bald? Anhand dieser Überlegung verglich ich die Fehler unserer Katzen mit den meinen, um herauszufinden, ob ihre wohl weniger schwer wogen. Ganz sicher war ich mir da nie. Schließlich hatten sie nicht so viele Verpflichtungen wie ich, keine von ihnen hatte eine Aufgabe zu erfüllen. Der Hund liegt an der Kette, das Rind steht auf dem Acker. Der Mäusejagd gingen die Katzen nur zu ausgesuchten Zeiten nach, sofern man sie überhaupt als Arbeit bezeichnen kann (sie erscheint vielmehr als Spiel, als Vergnügen). Wer hätte sie auch davon abhalten können, einfach loszulaufen, sobald sie es sich in den Kopf gesetzt hatten? Den ganzen Tag lang konnten wir beobachten, wie sie sich ihren wechselnden Launen hingaben, fortgingen, wann es ihnen passte, sogar Zizi, sogar Blanchette, die eigentlich in der Nähe des Hauses bleiben sollten, wie es sich für kleine Mädchen eben gehört. Nach Lust und Laune liefen sie über die Felder oder kletterten auf den Dächern umher.

Während ich sie in ihrer Entwicklung betrachtete, tat sich mir eine ganze Gedankenwelt auf. Ich verglich sie nicht mit den Erwachsenen (dazu waren sie ja viel zu klein), sondern mit uns Kindern, die noch Hilfe brauchten. Der freie Vogel, der nah und im nächsten Moment fern ist, gehörte nicht zur Familie, ihn berücksichtigte ich bei meinen Vergleichen nicht. Warum genossen allein die Katzen ein so zwangloses, glückliches Leben? Ich nahm es ihnen nicht übel, vielmehr beneidete ich sie um diese stolze Unabhängigkeit. Wenn sie mich in diesen Momenten der Sehnsucht tief aus ihren grünen Augen heraus anblickten, glaubte ich, sie wollten gleich mit mir sprechen, mir das Geheimnis dieser Freiheit und der einzigartigen Sorglosigkeit verraten, die sie stets umgab. Fast wollte ich sie als höherwertige Wesen betrachten. Doch in Wahrheit ähnelten wir uns.

An klaren, leicht windigen Tagen fiel mir auf, dass all unsere Katzen wachsam und unruhig waren, sich nicht streicheln ließen, sich anscheinend lieber zurückzogen und uns voller Bissigkeit anfauchten.

Ich würde es nicht wagen, schlecht über meine Großeltern zu sprechen, doch damals waren auch wir Kinder nicht gerade umgänglich. Häufig setzten wir uns gegen Ermahnungen zur Wehr. Wenn es jedoch heiß und neblig war oder ein Gewitter drohte, kamen wir alle zusammen. Da wollte eine der Katzen plötzlich Gesellschaft und sprang auf den Tisch ihres jungen Frauchens, das gerade über seinen Heften saß und lernte. In aller Seelenruhe legte sie sich hin, entspannte sich, ließ schließlich den ganzen Körper erschlaffen und streckte die Pfoten aus, bis sie alle Papiere und das Buch bedeckte. Was tun? Während das Frauchen noch darüber nachdachte, fielen ihm die schweren Lider zu. Statt eines arbeitsamen Mädchens fand Papa später zwei auf den Tisch gestützte Köpfe vor, beide in tiefem Schlaf.

Im Winter empfand ich ihre Anwesenheit im Haus als äußerst behaglich. Sie schliefen nicht fortwährend, sondern erwachten auch gelegentlich, zu ihrem Glück jedoch nicht zu denselben Zeiten wie wir. Wenn die Katzenmütter mit ihren Jungen im Schlepptau zur Versammlung eintrafen, war das jedes Mal ein wahres Schauspiel. Auch wenn die Darsteller sehr in ihr Spiel vertieft waren, schienen sie nichts gegen ein wenig Applaus zu haben. Unter unseren Blicken tollten, sprangen und wirbelten sie herum; sie nahmen keinerlei Rücksicht aufeinander, jede einzelne Katze war in eine ausgelassene Hatz oder ein irrwitziges Toben verwickelt. Nur mit großer Mühe konnte man bei diesem Anblick still und regungslos dasitzen.

Die Natur gewann die Oberhand, Gelächter brach aus. Miss Emma, meine Mutter, ließ den Spinnrocken los. Ich selbst hob den Kopf.

Das waren kurze Augenblicke, gewiss, aber so reizende kurze Augenblicke, dass sie mir bis heute im Gedächtnis geblieben sind.

MOUTON UND MINETTE

I
Das Hochzeitsgeschenk

Als ich am 12. März 1849 zum ersten Mal mein Häuschen in Les Ternes betrat, empfingen mich zwei unerwartete Besucher auf der Schwelle: zwei Katzen, deren große grüne Augen sich beim Anblick meines Brautkleids weiteten.

Eine angenehme Überraschung, wie ich fand. Meine neue Heimstätte wurde von den Tieren bewohnt, die ich schon in meiner Kindheit am liebsten hatte, und das war so, als wäre mir dieses Haus bereits vertraut.

Beide Ehepaare trafen fast am selben Tag ein. Mouton und Minette waren der Bestimmung ihres Herrchens gefolgt. Gemeinsam mit ihm hatten sie den Montagne Sainte-Geneviève verlassen und sich im flachen Neuilly angesiedelt. Zunächst schien sie nur eines umzutreiben: Sie wollten das neue Haus auskundschaften. Obwohl sie bereits Mann und Frau waren, schienen sie einander in diesem Moment fremd, jeweils versunken in ihrer eigenen Beschäftigung.

Die Katze kletterte nervös und ungeduldig über die Stühle, miaute die Schränke an, ließ sich den Sekretär öffnen, trippelte vorsichtig hinein und beschnupperte alles gründlich, als wollte sie bekannte und beruhigende Gerüche aufspüren.

Der ängstlichere und sichtlich unruhige Kater hingegen zog sich in die Dunkelheit zurück. Er kauerte unter den Möbeln, verließ sich nur auf seinen Sehsinn und wartete vermutlich darauf, das Haus in Sicherheit erkunden zu können.

Er war ein bildhübscher Angorakater in Pluderhosen. Wie eine Krawatte prangte an seinem Hals eine Löwenmähne, und sein prächtiger Schweif glich dem eines Fuchses. Sein langes Fell, so kühl und weich wie Satin, war sanft und so flauschig, dass jede streichelnde Hand davon zurückgestreichelt wurde.

Sein Anzug war schwarz und weiß. Diese beiden Farben harmonierten miteinander und ließen ihn ausgesprochen ansehnlich wirken. Das Schwarz dominierte, es schmückte seinen Mantel und auch seinen Kopf, ohne sein Gesicht zu sehr einzunehmen. Seine Pfoten steckten in Stiefeln aus demselben zarten Hermelin, der auch seinen Hals umgab. Er reichte bis auf seine Brust und zierte sie mit einer reizenden Adrettheit. Dieses so samtige, luftig-matte und feine Weiß verlieh ihm jedoch eine weichere Statur und ein etwas zu braves Aussehen.

Daher rührte wohl auch sein Name Mouton, Schaf,

der für sein Gewand des Grafen Almaviva geradezu einen Affront darzustellen schien.

Er entstammte einem guten, bürgerlichen Haus, in dem man die schöne Wirkung eines voluminösen Fellkleids auf samtenen Kissen zu schätzen wusste.

Das hatte die Ursünde in ihm noch bekräftigt. Für reinrassige Angorakatzen ist nichts so kostbar wie ein bequemes Leben voll ausgedehnter Entspannung und träumerischem Müßiggang.

Wieso hatte er, der von so weit oben kam, sich auf den Bund mit Minette eingelassen, einer wahren Tochter des Volks? Sie war im Herzen eines Industrieviertels von Paris zur Welt gekommen, in einer dieser Straßen voller aufrichtiger und tüchtiger Menschen, die ihr Leben allesamt mehr oder weniger im Freien führen. Oftmals ziehen Gegensätze sich an. Zudem kannten unsere Eheleute einander bereits seit ihrer Kindheit.

Monsieur Mouton hatte Mademoiselle Minette erziehen können. Durch unverhoffte, glückliche Umstände hatte mein Mann, der Historiker, sie bereits als Jungkatze in seiner Wohnung aufgenommen. Bald schon hatte die kluge Katze das geschlossene, ruhige und vom Lärm der Straße abgeschirmte Studierzimmer als das beste der Wohnung erkannt und hielt mit Vorliebe dort ihre ausgedehnten, fast schon lethargischen Schläfchen. Vor allem die Manuskripte, die in der Morgensonne ausgebreitet auf dem Tisch lagen, hatten es ihr angetan. Ob sie nun wollte oder nicht: Atmete sie hier nicht den Scharfsinn ein, der sich zwischen den Seiten verbarg? Das hätte man später jedenfalls meinen können.

Minette hatte sehr lange, dünne Beine, wie alle gewöhnlichen Hauskatzen. Sie war elegant und schlank, und strahlte Lässigkeit, Stolz und auch in den ruhigsten Momenten eine gewisse Wildheit aus. Ihre Muskeln und Nerven, die bei Katzen so empfindlich sind, schienen sie voll und ganz zu beherrschen.

Ihr Fell war kurz, kraftvoll und robust. Darin verlor man sich mit der Hand nicht so wie in Moutons seidiger Pracht, doch etwas Lebendigeres war darin zu spüren, das an trockenen Tagen bei jeder Berührung knisterte.

Ihr Fellkleid war einheitlich braun, auf ihren Flanken waren undeutliche Streifen zu sehen. Kein heller Fleck im Gesicht, und auch keine Spur der schönen Rundungen ihres vornehmen Gatten.

Soll ich es zugeben? Rein äußerlich betrachtet wirkte Minette ein wenig unfein. Sie gehörte keinem Adelsgeschlecht an, und wenn man einen Freund finden wollte, so wandte man sich lieber an den stattlichen Mann. Doch die Natur ist unbefangen. Sie verteilt ihre Gaben gerecht. Das sieht man am Vogel, diesem Liebling unter den Lieblingen. Neben dem prächtigen, farbenfrohen Männchen mit seinem erhabenen Gesang sticht das kleinere, stille Weibchen doch deutlich hervor. Allein die Bewegungen des Weibchens machen seine Anmut aus. Und wer kann da schon widerstehen? Wie es in seinem Nest sitzt, in gerührter Erwartung eines Zuhörers, das lässt ein jedes Herz erweichen. Schon will man in die Hände klatschen.

Natürlich möchte ich hier keine Vergleiche anstellen. Mit ihrer jugendlich drahtigen Statur war Minette kantig und bewegte sich unvermittelt, wie es Katzen ohne Nachwuchs nun einmal tun. Die Anmut der Kindheit war bereits verschwunden, die spätere Anmut sollte erst mit der Zeit an ihre Stelle treten. Sie kommt mit den sanften Rundungen, die erst durch die Mutterschaft entstehen.

In der Freiheit des Gartens schien sie oft eigenartig, manchmal gar widersinnig, doch sie war stets munter und quicklebendig. Wenn man genau hinsah, wirkte ihr Gatte viel eher wie ein bloßes Ding. Nachdem seine Vorfahren ein langes, kraft- und tatenloses Dasein gefristet hatten, zeichnete ihn die schläfrige Mattigkeit opulenter Schönheiten eines Harems aus.

Was blieb bei einem solchen Wohlstand, der den Körper bereichern und sein Aufblühen unterstützen sollte, noch für seinen Geist übrig? Wenig, sehr wenig. Das schöne Gewand hatte ganz allein alles andere verdrängt.

II
Einsames Eden

Bei meiner Hochzeit hatte ich alle üblichen Geschenke abgelehnt. Was hätte ein schönes Stück aus Kaschmir schon zu meinem Glück beitragen können? Anstatt meine Seele zu entzweien, wollte ich sie viel lieber ganz und gar den ernsthaften Freuden unserer Ehe anheimgeben.

Und dieses Häuschen »ganz für uns allein« ... Wer wäre da nicht schwach geworden, hätte sich ihm nicht mit Herz und Seele gewidmet?

Es war recht bescheiden, ich würde sogar sagen rustikal. Aber was machte das schon? Es befand sich ganz hinten in einem großen Obstgarten, umgeben von einigen alten, hohen Bäumen, die die Arme danach ausstreckten, als wollten sie es umarmen.

Am Boden verbargen Sträucher die festen, nackten Stämme. Als der Frühling erstmals erwachte, hieß uns dieses Fleckchen Erde mit einem kühlen Lächeln willkommen. Die Blumen, die jeder wiederkehrende Sonnenstrahl zum Erblühen brachte, und der fröhliche, muntere Gesang der Vögel versprachen erblühendes Leben.

Nach so vielen schweren Jahren fern von der Natur war es ein wahrhaftiger Genuss, diese frische Luft einzuatmen und mir jede einzelne Pflanze zu eigen zu machen, indem ich sie ansah und berührte.

Unter dem väterlichen Schatten der hohen Bäume, hinter dem allmählich dicker werdenden Vorhang der Hecken, fühlte ich mich unbeobachtet und gut versteckt.

Garten ist das falsche Wort. Dort gab es alles, was das Herz begehrt. Jeder Schritt hallte zu sich selbst zurück. Vielmehr war es ein herrliches grünes Refugium, besser noch, ein wahres Blumennest für meinen schönsten Frühling.

Dort verbrachte ich den größten Teil des Tages allein. Mein Mann fuhr jeden Morgen zum Nationalarchiv und kehrte erst um fünf Uhr zurück. In Paris fühlte ich mich fremd, denn ich kannte in der Stadt fast niemanden, und so zog es mich kaum dorthin. Mein gesamtes Dasein spielte sich in unserem Häuschen ab.

Untätig war ich nicht. Zuerst hatte ich von der einzigartigen Freude gekostet, alles einzurichten in dieser kleinen Welt, die nur mir gehörte. Ich hatte alles getan, um ihr Lebhaftigkeit und Fröhlichkeit einzuhauchen. Und das tat ich mehr für meinen Mann als für mich selbst. Diese enorme, so unerwartete Veränderung in der Mitte des Lebens wollte ich nicht unbemerkt an ihm vorüberziehen lassen; ich wollte, dass diese Veränderung durch einen Anstieg an Kraft gekennzeichnet würde, durch eine immer fruchtbarere Arbeit.

Mein Beitrag bestand in der intimen Freude, die auch alleinstehende Frauen kennen: einen eigenen kleinen Haushalt führen, hin- und hergehen, hinauf- und wieder hinuntersteigen, sich ganz und gar zu Hause fühlen wie eine Herrin, eine Königin. Mit kindlichem Vergnügen schaute ich in die tiefen Schränke und langen Schubladen, zählte die Regale, die in die Wände eingelassen waren und unser Mobiliar ergänzen sollten. Nur wenige Dinge konnte ich dort verstauen, doch die Fantasie speist sich aus so vielen Quellen!

Diesem Zuhause, in dem noch so einiges fehlte, haftete in meinen Augen dennoch etwas ungemein Poetisches an. Wenn die Fensterläden halb offen standen, sodass das Zimmer im Dämmerlicht lag, versteckten sich Tausende Träume in den hintersten Winkeln.

Im Herzen der Städte, in den engen und trostlosen Straßen, wo man den Himmel nicht sieht, mag es für die Menschen gang und gäbe sein, sich ein prächtiges Grabmal zu bauen und dieses mit dicken Vorhängen noch zu verdüstern, es mit den zumeist tristen Hirngespinsten der Kunst zu überladen, mit obskuren Bronzen, die im Winter, im Widerschein der lodernden Flammen, groteske Schatten in die Dunkelheit werfen oder sich wie tiefschwarze Geister von den Wänden abheben.

Mitten in einem Obstgarten auf dem Land jedoch bietet die Natur alles, was schön und begehrenswert ist. Sie verwandelt jedes Fenster in ein gerahmtes Gemälde. Man verlangt nach ihr, nach all ihren Zweigen, Girlanden, Gesängen und Gerüchen, ihrem tausendfachen Gesumm, das uns je nach Tageszeit in den Schlaf wiegt oder wenigstens die Gedanken ins Dösen bringt.

Zumindest ein bisschen Illusion ist notwendig. Das Arbeitszimmer meines Mannes blieb nüchtern und ganz in Grün gehalten, damit er ungestört arbeiten konnte. Doch für unser Schlafzimmer, in dem ich mich sehr gern aufhielt, hatte ich einen Vorhang gekauft, der einen wahren Urwald abbildete. Unter dem dichten Blätterdach entlang des Flügelfarns hingen merkwürdige Blumen, die ebenfalls geflügelt schienen; Vögel jedoch waren nicht zu sehen, nur einige Schmetterlinge flatterten still über die stehenden Gewässer. Nahezu fantastisch hätte das Ganze ausgesehen, wäre da nicht die hübsche, zartviolette Rückseite gewesen, die sich bei Sonnenaufgang rosa färbte.

Eines allerdings fehlte meinem Eden noch. Die kalkweißen Außenwände des Hauses warfen das Sonnenlicht grell zurück. Es war mitten im Frühling, und ich bat die Natur um Hilfe. Ich wollte keine seltenen Blumen, sondern buschige, schnell wachsende Kletterpflanzen. Ende Juni reichten Glockenreben, Wilder Wein und Prunkwinden einander die Hand und umrankten Fenster und Türen. Als Rahmen dienten diesen grünen Behängen unsere drei Beete, in denen eine ganze Welt von Zwergpflanzen und hübschen Sträuchern wuchs. Mein Mann geriet auf dem Markt von La Madeleine immer wieder in Versuchung. Unablässig fügten wir neue Pflanzen hinzu.

Der Anblick all dieses glücklichen Lebens war nötig, um ihn bei seiner Rückkehr aus dem tristen Marais aufzuheitern. Dort ging es ernst zu. Immerhin schrieb er mittlerweile über die dunklen Tage der Revolution. Die Heiterkeit ihrer frühen Tage war uns beiden nicht vergönnt, und auch das schöne Föderationsfest sollte nicht allzu bald stattfinden.

Erst in den Abendstunden erlaubten wir uns, die Arbeit ruhen zu lassen. Dann widmeten wir uns dem Gießen. Die Erde duftete wie nach einem Gewitter. Bald reckten die Blumen, die nach einem langen Sommertag ganz ermüdet und erschlafft waren, im kühlen Nass wieder langsam die Köpfchen. Ich beklagte mein Schicksal nicht. Während mein Mann nach dem ersten Leeren die Gießkanne behutsam beiseitestellte, arbeitete ich doppelt so viel, um all die durstigen Münder mit Wasser zu versorgen.

Im Halbdunkel einer warmen Dämmerung brach die Nacht herein, und meine Blumen vergaßen sichtlich, einzuschlafen. Wir konnten an ihren stummen Gesprächen teilhaben, dank der intensiven Aromen, die sie verströmten, die einander überlagerten und sich vermischten, und die wohl ihren Wortschatz, ihre Pflanzensprache bildeten.

Aus der nassen Erde stieg die Hitze des Tages hervor. Das sorgte für eine feuchte, ein wenig drückende Atmosphäre, die all diese Düfte am Boden hielt. Langsam gingen wir um das Haus herum. Wenn das Mondlicht sanft durch das Geäst brach, hob das die geheimnisvolle

Schönheit der nun unerschütterlichen Nacht nur noch hervor. Wir sahen, und doch sahen wir nichts. Etwas hob sich über dem dunklen Grün ab, schwebte, flatterte, schwirrte: die stummen Flügel der Nachtfalter, angezogen vom Nektar unserer Blumen.

Allzu flüchtige Momente sind die schönsten unseres ganzen Lebens. Morgens schweigsame Arbeit, nach seinem Fortgehen einsame Stille.

Es war Mittag. Ich warf einen letzten Blick auf meine Freundinnen, ging hinauf und machte mich wieder an die Arbeit.

Unser Schlafzimmer und das Arbeitszimmer meines Mannes waren mir die liebsten Orte in unserem Haus. Durch den Vorhang der Glockenreben und der dunklen Prunkwinden erahnte man im Fenster die hellen Freuden von draußen, ohne sie recht zu sehen.

Das war hübsch, friedlich und besinnlich.

Lesen, Nähen, einige Ausbruchsversuche einer einsamen Seele, die sich selbst von ihren Gefühlen und Gedanken erzählt – so saß ich den ganzen Tag da, fern von ihm. Mal war ich heiter, mal verträumt, je nach Himmelslage, je nach Wetter. Mal sang ich halb laut, mal schwieg ich. Und so erklang in dieser ausgedehnten, sommerheißen Stille allein das gleichförmig tickende Pendel der Uhr, die mir immer viel zu spät die Rückkehr meines Mannes ankündigte.

III
Der Ehepakt

Sollte ich etwa meine beiden Gäste, meine Gefährten in der Einsamkeit, vergessen haben? Nein, natürlich nicht. Vor allem Minette hatte ein sehr einnehmendes Wesen. Man hätte fast meinen können, sie sei die zweite Hausherrin.

Nachdem sie in den Möbeln ihre alten Freunde wiedererkannt hatte, wollte sie den Garten in Besitz nehmen, auf die Bäume klettern, den tiefen Brunnen inspizieren, heimlich an den Hecken vorbeigehen, um einen verstohlenen ersten Blick auf die benachbarten Grundstücke zu werfen.

Sie war die Wegbereiterin, die Vorhut. Mouton vertraute ihr. Weise hatte er das Haus zu seinem Revier erklärt. Stets hielt er sich in seiner Nähe auf und beäugte aus sicherer Entfernung Minettes Entfaltung und ihre Entdeckungen in dieser neuen Welt.

Ich war es gewohnt, dass sie im Garten um mich herumstreunte, stets sehr beschäftigt dreinblickte, die Beete beschnupperte und sich scheinbar kaum um ihr Frauchen scherte. Doch wenn ich mich auch nur ein winziges bisschen entfernte und auf einen Weg einbog, konnte ich sicher sein, dass sie mir im Abstand weniger Schritte hinterherlief.

Wenn ich hinauf in mein Zimmer ging, erklang an der Tür nahezu jedes Mal ein leises Geräusch: Minette kam mich besuchen. Mit sichtlicher Genugtuung betrat sie den Raum, und doch lief sie zunächst unzählige Male hin und her, bevor sie sich mir näherte. Tat sie das aus Eitelkeit? Brachte sie damit die Unabhängigkeit eines freien Wesens zum Ausdruck, das dem Menschen von Gleich zu Gleich begegnen möchte, ohne sich zu unterwerfen? Oder war das nur eine Laune? Denn es heißt ja, dass Katzen ständig und ohne jeden Grund ihre Meinung ändern. Wenn ich Minette danach fragen würde, was würde sie wohl antworten? Vermutlich Ja und Nein. Mir selbst würde es wohl ähnlich gehen. Ein Mann würde nicht zögern, das weiß ich. Ich jedoch bin eine Frau: Bevor ich Stellung beziehe, schaue ich zweimal hin.

Wenn ein Lebewesen derart von seinem Nervensystem bestimmt – fast wollte ich sagen: unterdrückt – wird, kann es dann ohne Weiteres immer es selbst sein, immer vernünftig? Mal will es etwas, dann wieder nicht. Ist das tatsächlich eine Laune? Um diese befremdlichen, widersprüchlichen Regungen zu durchdringen, ist ein feinerer Blick vonnöten. Unruhe? Unentschlossenheit? Ein seltsamer Zustand: Der Geist schwankt zwischen zwei unvereinbaren Trugbildern, die sich gleichzeitig anbieten. Zuerst will sich die Katze hingeben, Ja sagen, doch dann reißt eine Gegenströmung sie mit. So ist sie fast geneigt, vor dem zu fliehen, was sie eigentlich liebt.

Während ich so vor mich hin denke, entschließt sich Minette, auf meinen Schreibtisch zu springen. Nachdem sie draußen alles gesehen hat, den Gärtner, der den Rasen beschneidet, die Fliegen, die an der Decke ihren rätselhaften Tanz aufführen, scheint sie mich plötzlich zu bemerken und begrüßt mich mit einem sanften *mrrr*. Wenn sie zu mir kommt, dann soll ich sie bitte auch beachten. Mein abwesender Blick ärgert sie. Sie triezt mich, bis ich ihr meine Aufmerksamkeit schenke. Schon rollt mein Wollknäuel auf den Boden. Ich bleibe stumm. Also streckt sie die Pfote nach meiner Schreibfeder aus, die über das Papier gleitet. Ein hübscher, tiefschwarzer Tintenklecks breitet sich aus, sie ist fasziniert, will ihn berühren, um ihn besser zu verstehen. Aus Erfahrung weiß ich, was diese kleinen kindlichen Streiche zu bedeuten haben: »Komm schon, spiel mit mir.« Eine ausgewachsene Katze lässt sich gern unterhalten. Nur noch selten begeistert sie sich für das einsame Spiel, höchstens einmal an der frischen Luft oder an Tagen, an denen sie sehr aufgekratzt ist.

Katzen sind nicht nur viel länger jung als Kater, sie bewahren sich außerdem viel eher ihre jugendlichen Eigenschaften, die Spontaneität, die Unvorhersehbarkeit ihrer Bewegungen. Zu ihrer geschwungenen Anmut gesellt sich eine Lebhaftigkeit, aus der sogleich eine Handlung folgt. Ob man nun will oder nicht, man muss hinsehen, lächeln, Beifall spenden.

Minette hasst Lärm, aber das Kommen und Gehen, das unser Häuschen sacht mit Leben füllt, ist ganz nach ihrem Geschmack. Wenn ich morgens aufräume, setzt sie eine geschäftige Miene auf und ahmt meine Bewegungen nach. Wie jede gute Hausfrau liebt sie kleine Verstecke. Dunkle Schränke, halb offene Schubladen, die Vorhänge meines Himmelbetts. Man könnte meinen, die Möbel gehörten ihr, wenn man sie dort nach Lust und Laune ein und aus gehen sieht. Am Waschtag setzt sie sich vor mich, wirft den Kopf zurück und scheint die Handtücher zu begutachten, die ich ins Regal stapele.

»Also wirklich, Minette! Heute habe ich viel zu tun. Spiel doch allein.«

Bald schon gibt sich Minette geschlagen. Sie huscht vom Tisch, lässt sich auf einem Stuhl nieder, der nicht allzu weit, aber doch ein wenig entfernt steht. Sie schmollt.

Ein Hund würde sich in einem solchen Fall beim kleinsten Zeichen ehrerbietig und unterwürfig zu meinen Füßen legen.

Einer Katze jedoch ist dieser passive Gehorsam fremd. Wenn sie sich dazu entscheidet, keinesfalls auf Sie zu hören, dann können Sie noch so viele Befehle und sogar Bitten aussprechen, sie wird sich taub stellen; beharren Sie aufdringlich darauf, verlässt sie schlicht und ergreifend den Raum.

Die Katze nimmt zwar einen bedeutenden Platz in ihrem Haushalt ein, aber das liegt nicht nur daran, dass sie liebenswürdig ist wie ein verwöhntes Kind, nicht an ihrer Zärtlichkeit oder ihrer verführerischen Gleichgültigkeit und manchmal Unverschämtheit. Vor allem liegt es an ihren hohen Ansprüchen. Ihr Wesen ist unbeirrbar, ihr Auftreten und ihr Wille sind ungeduldig. Sie wartet nicht. Hinter ihrer geschwungenen Anmut liegen Nachdruck und Beharrlichkeit. Sie können sich noch so sehr dagegen wehren: Die Katze ist die Herrin, und Sie haben sich unterzuordnen.

Heißt das, wie ein Freund von mir gestern behauptete, dass man Katzen kein Benehmen beibringen kann?

Diese Frage lässt sich eindeutig mit Ja beantworten, vor allem, wenn man sich einmal den Hund anschaut, der im Zusammenleben mit uns Menschen eine gänzlich andere Rolle spielt.

Der Hund bewacht unsere Häuser, hilft bei der Jagd und hütet Herden. Er muss nahe beim Menschen bleiben und ihm gehorchen.

Die Katze hingegen hat ganz andere Verpflichtungen, sie ist gewissermaßen eine selbstständige Jägerin. Als freie Dienerin findet sie ihren Platz im Keller, auf dem Dachboden, auf den Dächern, kurzum überall dort, wo der Mensch nicht hingelangt. Sie ist die Inspektorin des Hauses. Kehrt sie erfolglos von der Jagd zurück, wird sie um ein wenig Nahrung bitten. Anschließend nimmt sie im Haushalt ihren Platz als Tischgenossin wieder ein, möchte sich ausruhen und bloß keine Forderungen hören, die keinem ihrer Instinkte entsprechen.

Denken Sie daran: In freier Wildbahn ist die Katze eine Einzelgängerin.

Jedes Raubtier, dessen Beutebestand zunehmend schrumpft, neigt zum Alleinsein, denn nur so ist sein Überleben gewährleistet. Durch ihr eigenbrötlerisches Dasein, das keinen Zwängen unterliegt, musste die Katze zum unabhängigsten aller Lebewesen werden. Es gibt wilde Katzenjunge, die man gefangen hat, als sie noch gesäugt wurden, und die der Gefangenschaft den Tod vorzogen.

Die Gesellschaft unserer Mitmenschen stellt für uns eine mehr oder weniger große Last dar. Auf kleinem Raum müssen wir uns aneinanderdrängen, und ist dieses Nachgeben nicht bereits ein Schritt in Richtung Einsamkeit? Den Einzelgänger erwartet im Wald nichts als die Natur. Gewiss birgt auch sie Gefahren, selbst für die Stärksten, doch in ihrem Reich ist der Einzelgänger frei. Die Hauskatze hat sich die Erinnerung an ihre vormalige Unabhängigkeit bewahrt. Sie kann, wie Michel de Montaigne es so schön ausdrückt, gleichwie ich nach Gefallen anfangen oder aufhören.

Doch glauben Sie mir, eine Katze wird nur umso liebenswerter, wenn man sie gut behandelt. Nur selten begegnet sie zwei Menschen mit derselben Zuneigung, was ich für meinen Teil sehr schätze. Sie weiß um die Fürsorge, die man ihr entgegenbringt, ist dafür sogar dankbar, doch immerzu sucht sie die Nähe eines bestimmten Menschen und vermisst ihn, wenn er fort ist. Wie ein Hund, der allzu gutmütig ist und sich dem Streicheln völlig hingibt, vermag eine Katze nicht zu lieben.

Selbst Katzen, die völlig in ihr Frauchen vernarrt sind, bewahren sich ihm gegenüber eine gewisse Zurückhaltung. Mit großem Vergnügen scheinen sie ihre Gefühle für sich zu behalten und sie umso intensiver zu empfinden. Der Mensch ist das Objekt der Katze, ihm ist sie zugetan, und doch verbleibt in ihr bei allen Liebkosungen etwas Einzelgängerisches. Sie fasziniert im gleichen Maße, wie sie sich entzieht. Sie glauben, sie überrascht zu haben, aber sie ist schon wieder eine gänzlich andere, ist kaum wiederzuerkennen. Morgen und an allen folgenden Tagen wird sie Sie erneut vor ein Rätsel stellen.

Verführung den einen, Zurückgezogenheit den anderen, denn eine Katze kennt weder Unachtsamkeit noch Gleichgültigkeit. Ebendiese Herausforderung dieses undurchdringlichen Rätsels reizt mich so.

Könnte dieses stumme Tier eines Tages jedoch mit mir sprechen, würde ich es dann genauso betrachten wie all die anderen Wesen, die auf mich nie so eine mysteriöse Anziehungskraft ausgeübt haben? Nein, denn Katzen sind ganz und gar einzigartig.

Sowohl Männer als auch Kinder sind ein wenig egoistisch, fast hätte ich gesagt: ein wenig tyrannisch, und freunden sich daher eher mit Hunden an. Denn ein Hund ist immer bereit, herbeizulaufen, selbst ohne Zuruf, und somit ein pflegeleichterer Gefährte. Er gibt viel, verlangt wenig und erduldet ergeben unsere Launen (derer unsere Haustiere viele ertragen müssen). Lieber unterwirft er sich bereitwillig, als allein zu leben. Das gefällt allen, die einfache Eroberungen bevorzugen. Natürlich verurteile ich den Hund nicht, denn er ist dem Menschen gegenüber so hingebungsvoll. Doch seine Banalität betrübt mich. Er ist derart angepasst, dass er wie betäubt wirkt, und völlig kopflos. Vor den Augen seines geliebten Herrchens leckt er die Hand des erstbesten Unbekannten. Man ruft: »Ach, das liebe, gute Tier!« Dem möchte ich nicht widersprechen, aber ich kann dieses willkürliche Wohlwollen nicht ausstehen, halte es sogar für ein wenig unanständig.

In einem fremden Menschen sehen Katzen beinahe einen Feind. Heute Morgen war der Dekorateur bei uns. Meine Katze betritt das Haus, kurz nachdem er sich wieder auf den Weg gemacht hat, und doch spürt sie, dass jemand dagewesen ist. Sie schnüffelt in der Luft, beschnuppert das Parkett, plustert den Schwanz auf, legt die Stirn in Falten und schaut mich mit einem gewissen Zorn an, der fragt: »Wer ist denn da?«

Zieht man mit einer Katze in eine neue Bleibe, versteckt sie sich zunächst in einer Ecke und begutachtet

Gesichter und Dinge. Ihre einzigartige Empfindsamkeit schärft ihre Sinne, und so bildet sie sich schnell eine Meinung. Wenn sie an nichts Gefallen findet, fällt sie sogleich eine Entscheidung und flüchtet durch die nächste offene Tür. Wenn sie jedoch bleibt, dann liegt das ebenso an den Menschen wie an ihrer Umgebung. Allerdings wird sie sich nicht sofort wohl und zu Hause fühlen. Das dauert seine Zeit. Außerdem muss man ihre Zuneigung gewinnen, die sie nicht ohne Weiteres teilt.

Diese hohen Anforderungen gefallen mir. Sie sind Ausdruck eines stolzen, freien Wesens, das sich bei aller Hingabe stets selbst treu bleibt.

IV
Hochzeit

Zwar hatte Minette zuvor bereits in vornehmer Gesellschaft gelebt, doch vor mir hatte niemand versucht, sie zu erziehen. Ihr Herrchen, ein viel beschäftigter Mann, gestand mir, er habe sich damit nie allzu sehr aufgehalten. Offenbar hatte einzig die Natur sie großgezogen. Ich begann also mit einer gewissen Verspätung. Sind Katzen nach der Vollendung des ersten Lebensjahres nicht bereits voll entwickelt? Neun Monate des engen Zusammenlebens mit einem ruhigen und äußerst aufmerksamen Frauchen trugen aber schon Früchte. Ihre Ecken und Kanten waren bereits geschliffen, und ihre Statur gewann mit jedem Tag an Ausdruckskraft.

Es wird zwar behauptet, dass Tiere nur der Instinkt leite, dass sie sich bis heute nicht von ihren Ursprüngen entfernt hätten; wer aber mit ihnen zusammenlebt, glaubt nicht recht an diese vermeintliche Beständigkeit. In Bezug auf unsere Haustiere möchte ich gern folgende These formulieren: »Der Mensch färbt ab auf das Tier.« In der Anwesenheit eines Menschen verwildert es entweder oder wird zahm. Seine Gewohnheiten lassen schlussendlich auch die unseren erkennen, und oftmals ahmt es sogar unser Verhalten nach.

Eine ehemalige Bekannte von mir, eine gewisse Madame Cofflin, trippelte stets geschäftig vor sich hin. Wenn sie schneller gehen wollte, trat sie mit dem linken Bein auf eine ganz bestimmte Weise einen Schritt nach vorn. Ihr kleiner Hund trottete hinterher. Offensichtlich hatte er sie genau beobachtet und holte auf, indem er diese Bewegung imitierte. Betrete ich ein Haus, in dem Katzen, Hunde oder Vögel leben, schließe ich von ihrem Verhalten unwillkürlich auf ihre Besitzer.

Doch während mir sowohl kläffende Hunde als auch kratzende Katzen zuwider sind, so gefällt es mir ebenso wenig, wenn sie sich verhalten, als wären sie bloß Gegenstände. Allzu häufig bemühen wir uns, den Tieren ihre ursprünglichen Züge auszutreiben, auf die sich ihr Wesen doch erst stützt. Vor allem die Frauen, denen das

Talent zur Erziehung ja in die Wiege gelegt wird, wollen die Tiere nicht selten nach ihren eigenen Launen formen und traurige Maskottchen aus ihnen machen, anstatt sie als freie Geschöpfe zu betrachten – wenngleich es stimmt, dass man ihnen die eine oder andere Marotte durchaus austreiben sollte.

Ich hingegen gehe ganz anders vor. Ich liebe meine Katzen ihrethalben, lasse ihnen Raum für ihre Eigenheiten, bringe ihnen den Unterschied zwischen gut und schlecht durch Liebkosung und Bestrafung bei. Jede hat ihre Unvollkommenheiten und ihre Vorzüge. Ich könnte sie nicht gleichermaßen lieben, nicht allen die gleiche Zuneigung entgegenbringen. Jede hat ganz eigene Launen und Anwandlungen, die sie auszeichnen und einzigartig machen. Wenn ich Minette, Pluton, Coqueluche oder meine wilde Tigrine zu mir gerufen habe, wie oft ist mir da wohl schon entfahren: »Hach! Du bist einmalig, und keine andere ist wie du!«?

Wie merkwürdig es doch war, dass Mouton und Minette den ganzen Winter über förmlich wie zwei Fremde miteinander lebten. Minette zog das erste Stockwerk vor, wo auch ihr Frauchen lebte, Mouton hingegen blieb unten in der Nähe des Arbeitszimmers, in der sanften Wärme des Ofens.

Der erste Winter ist für Katzen eine Zeit der Untätigkeit. Auch unsere Liebhaber der Dunkelheit unterliegen den Naturgesetzen, und die sorgen für lange Nächte mit viel Schlaf, dem ausgiebigen Schlaf des Winters, bevor die Liebe wieder erwacht.

Diese Jahreszeit hält nur kärgliche Speisen für sie bereit. Die Vögel sind fortgeflogen, die Feldmäuse überwintern unter der Erde. Wer fastet, der schläft gern. Unsere wohlgenährten Hauskatzen lassen sich das nicht zweimal sagen und tun es den Wildkatzen gleich. Vor allem Kater verfallen geradezu in Lethargie. Nur mit großer Mühe lassen sie sich daraus zurückholen.

Mouton ließ sich ausschließlich zu den Essenszeiten dazu bewegen, verschlafen die Augen zu öffnen. Brav aß er zu Mittag und zu Abend, danach kehrte er langsam zurück ins Reich der Träume.

Auch Minette schlief viel mehr als im Sommer, allerdings weniger tief. In ihrem schlanken Körper blieb der Geist lebhaft und scharfsinnig. Schon beim leisesten Geräusch stellte sie die Ohren auf.

Sie spürte den Februar herannahen, der in diesem Jahr (1850) eine trügerische Hoffnung auf Frühling mit sich brachte. Mitten am Tag ließen wir die Fenster offen stehen. Nachts bildete sich zwar Raureif, doch schon zur Mittagszeit war er geschmolzen und von der Erde Richtung Himmel verdampft. In unserem tief gelegenen Neuilly steckte diese feuchte Luft bereits voller süßer Düfte.

Noch sahen wir keine Blumen, keine keimenden Knospen. Doch wir spürten, dass sich die Erde wieder an die

Arbeit begeben wollte. Sprossen dort nicht meine grünenden Tulpen aus dem schwarzen Boden hervor? Minette bemerkte es auch. Hin und wieder gab sie leicht anklagende *pffchs* von sich, blieb stehen, schien in sich und um sich herum zu lauschen. Ihr Fell, mit dem sie sich immer wieder an meinem Kleid rieb, lud sich elektrisch auf. Auch ihre Nerven knisterten. Schon beim leisesten Geräusch schreckte sie hoch.

Noch empfand sie allerdings nur recht vages Unbehagen. Dieses Leid, das sie doch zuvor schon einmal verspürt hatte, schien ihr fremd zu sein. Sie schmiegte sich an ihr Frauchen und gab sich in seinen Armen der Wehmut hin.

»Minette, du hast doch deinen Ehemann. Sollen wir ihm erzählen, dass der Frühling erwacht?« Ich trug sie hinein und setzte sie behutsam neben Mouton. Doch er schlief noch immer. Schon bald kam Minette wieder zu mir, vielleicht noch ein wenig wehklagender als zuvor. Mir und nur mir wollte sie sich in ihrer wachsenden Unruhe anvertrauen.

Sie war keineswegs ungesellig, doch nach und nach wurde sie von einer Art Besessenheit ergriffen. Ihre Augen schienen nicht mehr die ihren zu sein. Eine Spur Verwirrtheit und ein merkwürdiger Schimmer lagen darin.

Eines Abends jedoch schien Minette zu verstehen, dass ich gegen ihren Kummer nichts ausrichten konnte. Sie ging hinab in den Garten, wo es allmählich dunkel wurde.

In ihrer Unruhe vertraute sie sich dem kleinen Hain an, und der Hain erwachte zum Leben.

Am nächsten Tag schlief Mouton nicht mehr. Sein langsames Erwachen brachte ihn in eine merkwürdige Situation. Neider, Neugierige – wer weiß? – hatten sich selbst zu den Festlichkeiten eingeladen. Diese ungebetenen Gäste galt es zunächst hinauszukomplimentieren.

Danach zogen sich die beiden Eheleute diskret zurück in die verlockenden Schatten der Nacht und feierten ihre Hochzeit.

V
Wahnanfälle: Die Liebe zur Musik

Bald gesellte sich Minette wieder brav zu uns und nahm ihr ruhiges Leben in unserem Heim wieder auf. Nur an manchen Tagen zeigte sie eigenartige Marotten, Rauschzustände, denen nichts Linderung verschaffte. Ich glaubte, darin die Züge ihrer Spezies und den Kampf zweier Geister zu erkennen.

Ihren Launen gab sie sich nach wie vor im Garten hin. Dafür war ihr jeder Vorwand recht: eine Feder, aufgewirbelt von einer Bewegung meines Kleids, ein im Wind schwankender Zweig. Sie stürzte auf einen alten Baum zu, schlug ihre rastlosen Krallen in seinen Stamm, umklammerte ihn wie ein Beutetier; flink wie ein Panther machte sie einen Satz, sprang agil aus seiner Krone, scheinbar ohne den Boden zu berühren. Alles, was ihr begegnete, schien zum Leben zu erwachen, unter ihren Pfoten zu zittern und zu zucken. Das war kein Spiel mehr, sondern ein verrückter Tanz, gar ein sonderbarer Kampf mit einem rätselhaften Wesen, das nur sie sehen konnte. Unmöglich, sie zu beruhigen. Wenn ich sie hochzuheben versuchte, fauchte sie und wand sich, um mir zu entkommen.

An einem bedeckten und stürmischen Aprilnachmittag überkam Minette, die bald Junge zur Welt bringen sollte, ein solcher Wahn. Sein plötzliches Ende versetzte mich in Schrecken. Trübsal und Reglosigkeit waren auf ihr Spiel gefolgt. Mit einem Mal richtete sie sich auf und wankte in der Gegend umher, wie jemand, der sich vortastet, der blind nach Halt oder einer Stütze sucht. Schließlich drehte sie sich zwei-, dreimal um sich selbst, stürzte in Richtung Haus und verschwand.

Bei den Katzen meiner Kindheit hatte ich ein solches Verhalten nie beobachtet. Ich glaubte, Minette sei vergiftet worden.

Im Esszimmer hörte ich hohles Wehklagen und gedämpfte Schreie, außerdem Muskeln und Knochen, die zuckten und knackten. Es war beängstigend. Helfen konnte ich ihr nicht, denn ihr Anfall hatte sie unter einen niedrigen, schweren Schrank getrieben.

Diese Krämpfe, die nichts anderes waren als eine heftige Nervenkrise, dauerten eine gute Stunde, mit Unterbrechungen. Aber mir kam es vor wie eine Ewigkeit. Als Minette aus der Düsternis hervorkroch und sich mit ihren dunkelgrünen Augen umschaute, begriff ich, dass sie mich nicht sah. Mit ängstlichen Blicken suchte sie nach dem Feind. Meine Stimme, die sie liebte und bei deren Klang sie sonst immer herbeilief, drang nicht mehr zu ihr durch. Sie blieb taub, geradezu gefühllos. Zwar konnte ich sie hochheben und an mich schmiegen, doch davon schien sie kaum Notiz zu nehmen. Letzte dumpfe Wellen der Zuckungen durchströmten ihren Körper. In ihrem Kopf hatte sich offenbar ein unscharfes Trugbild ausgebreitet, dessentwegen sie ihr Frauchen nicht erkennen und sich ihm nicht zuwenden konnte.

Erst später, am Abend, kam sie wieder zu Kräften, war aber noch immer nicht so rege wie üblich. Ganz wehleidig hielt sie sich an mir fest, schloss die Augen und gab sich auf meinem Schoß entspannt einer Art schmerzlichen Wonne hin.

Mit einem solch empfindsamen Wesen muss man auf alles gefasst sein. Man sollte behutsam handeln und darauf achten, es nicht in plötzliche Aufregung zu versetzen. Eine charmante Dame aus Amerika, die nahe der Großen Seen lebt, erzählte mir einmal davon, wie eines Tages ein neuer Gast bei ihr einzog: ein prachtvolles Tier, so hochnäsig und dem Komfort so zugewandt, dass es sich nie dazu herabließ, zu all seinen Mitkatzen hinab in die Küche zu gehen. Es versteckte sich hinter den Vorhängen, passte den richtigen Moment ab, um sich unsichtbar an den Füßen seines neuen Frauchens nieder- und sich dort streicheln und umsorgen zu lassen. Dieses vornehme Tier liebte zudem die Musik. Es wusste genau, wann die Klavierstunde stattfand, setzte sich schon frühzeitig auf die Notenablage und blieb auch dort, egal, wie lang der Unterricht auch dauerte. Wenn der Klavierdeckel heruntergeklappt war, sprang das Tier voller Ungeduld immer wieder hinauf und herunter.

Dieser Musikliebhaber war ein Kater.

Eine Freundin erzählte mir außerdem Folgendes: Sie hatte eine äußerst liebe, sanfte Katze, die jedoch übermäßig reizbar war. Jedes Mal, wenn man den Klavierdeckel öffnete, war sie sichtlich beunruhigt. Beim Klang der ersten Töne sprang sie ihrem Frauchen auf die Schultern und klagte ihm in sonderbarer Wehmut ihr Leid. Einige Male berührte sie seine Arme und bat es so auf ihre Weise, damit aufzuhören.

Eines Tages übte meine Freundin Klavier, wusste aber nicht, dass die Katze ganz in der Nähe schlief. Statt, wie für Schülerinnen üblich, mit gleichförmigen Tonleitern zu beginnen, spielte sie eine einfache, klagende Melodie und fing damit in ihrer einsamen Träumerei einige Male von vorn an. Für ihre Zuhörerin war das zu viel. Wie elektrisiert versuchte die arme Katze, durch den polierten Spiegel zu entfliehen, den sie wohl für ein Loch hielt.

Verwirrt sah sie sich im Zimmer um, erblickte bald das tatsächliche Fenster und sprang mit einem Satz hinaus ...

Ich erinnere mich noch an eine ganz andere Szene, die ihrerseits recht viel Aufschluss gibt.

Wir aßen bei einem Freund zu Abend, auf dem Boulevard du Temple, gegenüber dem Café Turc. Es war ein warmer, ruhiger Maiabend, und wir saßen auf dem Balkon. Im Café wurde gefeiert. Ein rauschender Hochzeitsball begann. Über dem Tanzsaal befanden sich keine weiteren Stockwerke, sondern ein dezent beleuchtetes Flachdach.

Ich sah als Erste zunächst einen, dann drei, schließlich neun Punkte auftauchen. Diese grauen, braunen, schwarzen Punkte bewegten sich auf eigenartige Weise. Höchst interessiert griffen wir zu unseren Operngläsern.

So entdecken wir, dass eine Versammlung von Katzen das feierliche, stille Menuett tanzt. Die gedämpften Klänge der Geigen geben ihnen die Schritte vor, als riefe ein Tanzlehrer ihnen Anweisungen zu: »Drehen, gleiten, springen ...«

Gebeugte Rücken, aufgestellte Stummelschwänze, angespannte, gestreckte, dadurch umso feinere Beine, stählerne Sprunggelenke, die mit wunderbarer Genauigkeit und großem Taktgefühl auf- und niedersteigen. Manchmal jedoch, wenn die Quadrille beginnt, nehmen sie zu viel Schwung und stoßen aneinander. Man stelle sich das wie einen elektrischen Funkensprung vor. Allesamt kommen sie aus dem Takt, verlieren den Boden unter den Füßen und stürmen auseinander, die Quadrille löst sich auf. Wo ist bloß der Dirigent, der sie neu entstehen lassen kann?

Das Gesicht einer alten Frau erscheint an ihrem Mansardenfenster. Entsetzen bricht aus, es rettet sich, wer kann, und einen Moment später ist der Saal völlig leer. Die Frau verschwindet, und nach und nach, ganz unauffällig, huschen die Anwesenden wieder hinein, gehen aufeinander zu und tanzen weiter. Der Ball beginnt von Neuem und wird desto lebhafter, je mehr Lichter in den Mansarden erlöschen. In diesem paradiesischen Halbdunkel können sie einander mühelos wiederfinden.*

Welch eigenartiger Zufall, dass man ausgerechnet aus dem Darm der Katzen, die sich durch Musik doch so leicht reizen lassen, noch bis vor Kurzem die feinsten Saiten der Geige gefertigt hat. Sie waren allerdings zu dünn und rissen unter dem Bogendruck. Doch für lange Zeit wurde diese Königin der Instrumente mit Katzen-

---

* Im Freien ist die Wirkung der Musik offenbar eine völlig andere, denn sicher waren auf diesem Ball auch einige Damen anwesend. Bisher dachte ich, dass die Klänge von Instrumenten und Singstimmen vor allem sie in Unruhe versetzen. Doch draußen breiten sich die Schallwellen frei aus, beschränken sich nicht auf einen engen Raum, hallen nicht allzu stark wider und reizen somit die Nerven dieser zartfühlenden und empfindsamen Gemüter weniger. Stattdessen regen sie sie zu einer liebenswerten Unbesonnenheit an.

darm bespannt.* Dadurch gewann die Geige ihren hellen Klang, der uns tausend eiserne Nadeln in die Haut treibt; einen aufgrund seiner Schärfe fast schiefen Klang, der kreischt, pfeift, metallisch knarzt und uns zerreißt. Dieser übersinnliche Klang ist kein menschlicher, der bis zur Quelle unserer Tränen vordringt, denn wer weint, verschafft seinen Qualen Linderung. Dieser schillernde, spitze, schrille, fast möchte ich sagen: schneidende Klang trifft uns hingegen nicht mitten ins Herz. Er zerrt an allem, was in uns zuckt und zischt, lässt uns den schroffen Schmerz deutlich spüren. Bisweilen ist man geneigt, um Gnade zu flehen.

Hat sich die Geige diese Wirkung bewahrt, auch wenn sie ihre Stimme inzwischen von italienischen Lämmern nimmt? Klagt sie, zittert sie auf dieselbe Weise? Kann sie noch immer so durchdringend schreien?

Die menschliche Stimme hat zwar etwas weichere Nuancen, entfaltet aber durchaus auch ihre Wirkung. Je nach Melodie bewirkt sie Freude oder Leid, zumeist jedoch Letzteres.

Ich bin nicht musikalisch veranlagt – da ich meine gesamte Kindheit auf dem Land verbracht habe, bin ich nie in den Genuss der schönen Künste gekommen –, habe

---

* Anm. d. Ü.: Hier handelt es sich um ein damals weitverbreitetes Missverständnis: Das Material für Geigensaiten heißt »Catgut« (wörtl. »Katzendarm«), tatsächlich handelt es sich aber (in der Regel) um Schafdarm.

aber die Melodien der melancholischen Lieder aus der Zeit unseres Hoflebens genau im Gedächtnis behalten.

Seit dem Tod meines Vaters schlummerten diese Lieder stumm in mir, und lange habe ich gedacht, ich würde mich niemals mehr daran erinnern können. Doch in der Behaglichkeit meines neuen Heims fand ich unwillkürlich, unwissentlich diese schwache Stimme wieder, die mein Mann so liebte, noch immer liebt. In ihm löst sie das aus, was die Natur in mir auslöst: Sie berührt ihn, bewegt ihn. Zuerst sang ich diese Melodien meiner Vergangenheit nur für ihn, dann, wie es bei jeder einsamen Frau der Fall ist, gab ich mich ihnen auch in seiner Abwesenheit traumverloren hin.

Minette war meine einzige Zuhörerin. Sang ich eine einfache, eintönige Melodie, flüsternd fast, als wiegte ich ein Kind in den Schlaf, blieb sie an ihrem Platz und schaute mich ein wenig verträumt an. Wenn aber die Melancholie die Oberhand gewann und Wehklagen in meine Stimme drang, wurde Minette unruhig. In ihrem sichtlichen Unbehagen schien sie sich geradezu wohlzufühlen, und sie kämpfte nicht dagegen an.

Wenn ich jedoch höhere Töne anstimmte und ebenjenen schrillen Klang der Geige erreichte, zeigte Minette alle Anzeichen einer krankhaften Erregung.* Schuberts

---

* Ähnliches beobachte ich bei meiner Katze Tigrine, die noch keine Jungen bekommen hat. Einzig die rustikalen Klänge der Geige rühren sie noch mehr. Auch wenn alle Türen offen stehen und sie fortgehen kann, kommt sie zu mir,

Ständchen zum Beispiel, eindringlich in seiner verhaltenen Leidenschaft, zuerst langsam und dunkel wie ein Nachtgesang; dieses Gebet, das von tiefem Bass bis zu flammendem, inständigem Bitten sich erhebt, von Nachtigallen und ihrem Flehen singt, von der gerührten Stille der Natur – dieser höchste Schrei eines verletzten Herzens brachte Minette völlig außer sich. Noch nie, so glaube ich, hat eine Frauenseele größere Unruhe verspürt. Sie sprang auf meinen Schoß, den Blick starr auf meinen Mund gerichtet. Sang ich weiter, legte sie mir beide Vorderpfoten auf die Brust und zitterte nervös. In ihrem Maunzen, das bei Katzen so vieles bedeuten kann, lag ein Schaudern. Trotz des hellen Lichts blieben ihre Pupillen geweitet, als empfände sie Furcht oder Leid. Wenn ich nun immer noch nicht schwieg, kletterte sie höher und legte mir, mit einer entschlossenen, geradezu menschlichen Geste, ihre beiden verkrampften Vorderpfoten auf den Mund und versiegelte mir die Lippen.

---

streift mir um die Beine, springt auf meinen Schoß und will mich zum Schweigen bringen. Heute Morgen liegt sie neben mir, die Pfoten vor der Brust angewinkelt, und fühlt sich wohl. Ich stelle sie erneut auf die Probe und singe, nicht allzu laut zwar, doch schon bei den ersten Tönen steht sie ruckartig auf, betrachtet meinen Mund und legt sich wieder hin. Allmählich singe ich lauter, und wie schon beim ersten Mal beunruhigen sie einige Worte – sehr hoch gesungen, mit wehklagenden Akzenten. Meine Stimme erklingt ganz nah an ihrem Ohr, und wie eine Sprungfeder schnellt eine Pfote nach vorn, was eindeutig heißt: »Oh, das ist zu viel!« Ich singe wieder etwas tiefer, was sie besänftigt. »Das kann ich gerade noch billigen!«, scheint sie zu sagen. Doch nach dem dritten Mal zieht sie entschieden von dannen.

VI
Plutons Geburt
Seltsame Abwesenheit

Als Pluton, der Held meiner Odyssee, zur Welt kam, war Minette bereits verwitwet. Mouton war durch einen Schuss ums Leben gekommen. Welchen Kampf hatte er, der doch sonst so friedfertig war, gekämpft? Welche Hand hatte zur Waffe gegriffen? Es ist mir ein Mysterium. Wir konnten nur noch seinen Tod feststellen. Offenbar war er tapfer gestorben.

Minette, die durch ihre Trächtigkeit bereits einige Sorgen hatte, zeigte ihre Trauer nicht. Die Verzweiflung einer Artemis war ihr nicht anzusehen. Doch seine Abwesenheit entging ihr natürlich nicht; sie suchte ihn im Garten und im ganzen Haus, blickte mich an, als wollte sie mich fragen, wohin denn ihr treuloser Gatte gegangen war. Die Natur, in all ihrer Anteilnahme, ließ sie vergessen, dass ihre Kinder als Waisen zur Welt kommen würden.

Wenn Tiere sich plötzlich von uns abwenden und traurig oder sorgenvoll umherstreifen, hat ihre Stille etwas Beunruhigendes. In solchen Momenten glauben unsere geliebten Tiere, sie seien allein und ohne jeden Schutz. Vielleicht dominiert die Furcht ihre Gedanken. So scheint es jedenfalls, denn ihren starren Blick richten sie weniger auf Objekte von außen als auf ihr eigenes Innenleben. In sich erkennt die Katze ein noch unverständliches, seltsames Ding, das nicht sie selbst ist, das sie erst überrascht und dann erschreckt. Es scheint, als hörte sie sich selbst zu. Vielleicht blickt sie auch in die Vergangenheit. Zweifellos spürt sie ein einschneidendes Erlebnis herannahen: Krankheit? Mutterschaft? Die Erinnerung an ihr vergangenes wildes Leben, an das, was sie einst zu fürchten und zu meiden hatte, ergreift sie aufs Neue.

Wenn unseren Haustieren Gärten und Wälder zur Verfügung stehen, sind sie im Gegensatz zu den Tieren in der Stadt recht frei, und ihre primitiven Instinkte übermannen sie daher oft. Eine Katze, die eine Krankheit herannahen spürt, sich also schwach und wehrlos fühlt, zieht sich zurück, um in Frieden gesund werden oder sterben zu können.

Eine trächtige Katze spürt durch die häufiger werdenden Regungen ihrer Jungen die bevorstehende Niederkunft. Sie sieht nur mehr den Wald, die Hunde, die oft wilden Kater, und fragt sich: »Wohin kann ich gehen? Wo kann ich sie verstecken?«

Als es dann allerdings so weit war, suchte Minette schließlich bei mir Schutz. Meine wenig liebevolle Köchin aber riss sie mir aus den Händen und schloss sie im Schuppen hinten im Garten ein. Das arme kleine Tier schien dort auf mich zu warten. Als Minette meine Schritte näherkommen hörte, wollte sie durchs Fenster fliehen. Ich hörte, wie sie mit ihren ausgefahrenen Krallen über die Scheiben kratzte. Mit ihren vor Angst geweiteten Augen sah sie mich flehentlich an.

Ich nahm sie auf den Arm, und sofort entspannte sie sich. Ein zittriges, dumpfes Miauen entrang sich ihr, die ersten Wehen hatten eingesetzt. Kaum hatte ich sie in die weiche Geburtsstätte gelegt, die ich fürsorglich für sie hergerichtet hatte, zeigte sie sich geduldig und ergeben, sie ließ der Natur ihren Lauf. Doch ihr brennender Durst ließ erkennen, dass sie Schmerzen hatte. Ich wich nicht von ihrer Seite. Wenn ich ihr warme Milch reichte, leckte sie jedes Mal zuerst über meine Hand.

Gegen Mittag waren drei Katzenjunge geboren, drei liebe Kätzchen. Alle Lebewesen – Menschen, Vögel, Vierbeiner, mit Ausnahme vielleicht des Pferds – kommen hässlich zur Welt. Allein die Katze ist schon gleich nach ihrer Geburt schön anzusehen. Sie ist weder so nackt wie ein Säugling oder ein Jungvogel noch so gesträubt und stachlig wie viele andere Säugetiere. Schon eine Stunde nach der Geburt zeigt die kleine Katze ihre ganze Anmut: die wohlproportionierte Form, die Reinheit des Fellkleids, das die Mutter stets noch sauberer leckt. Das niedliche Gesichtchen, auf dem sich vielleicht ein wenig Verdruss abzeichnet, weil das Junge seine weiche, warme Höhle verlassen hat, nimmt bereits nach zwei oder drei Tagen freche Züge an. Wenngleich das Katzenjunge noch etwa zwei Wochen lang blind ist, bewegt es sich mit Bedacht. Es ist lustig, seinen großen, fast sinnlichen Appetit auf die Muttermilch zu beobachten, dank dessen es allerliebste Posen einnimmt. Das Junge ist ein Feinschmecker und unheimlich gewitzt: Es stößt das Köpfchen gegen die Zitzen der Mutter und drückt ihr die Pfoten in den Bauch, damit die Milch schneller in seinen kleinen rosa Mund fließt.

Von Minettes drei Jungen kam das Erstgeborene farblich ganz nach seinem Vater Mouton, nach dem wir es auch benannten; sein kurzes, robustes Fell zeigte allerdings eindeutig, dass er durch und durch der Sohn seiner Mutter war.

Das Zweite hatte gänzlich schwarzes Fell, doch es war nicht glänzend und bläulich wie die Federn eines Raben, sondern matt, mit leichten roten Akzenten. Im richtigen Licht konnte man später meinen, dass jedes seiner Haare in einem flüchtigen Funkenspiel ende. Mit dieser einheitlichen dunklen Farbe kam es weder nach dem Vater noch nach der Mutter; anders als Mouton, dessen Fell seidig gewesen war, hatte es wolliges Fell, das aber seltsamerweise dennoch so lang und dicht war wie jenes von Mouton. Diesem Spross des Zwielichts war der Name eigentlich bereits in die Wiege gelegt: Wir nannten ihn Pluton.

Das letzte Junge, ein Weibchen, war ein kostbares Juwel, sein ganzes viel zu kurzes Leben lang. Die beiden großen Brüder schienen die gesamte Kraft und den Lebenshunger ihrer Mutter in sich zu vereinen. So blieb für die kleine Schwester kaum ein Hauch davon übrig, sondern nur leiderfüllte Anmut. Sie hatte langes, goldenes Fell. Dieses Gold war hie und da mit einem hellen Rot durchsetzt, als wäre das Leben an manchen Stellen mit einer stärkeren Hitze über sie hereingebrochen. Dieses Rot wiederum hob die Feinheit der Farben noch hervor, die ihre Flanken schmückten und ihr Gesicht mit einer hauchdünnen Halskrause umrahmten. Bernstein ist zu kalt und nicht fein genug, um ihre Tönung zu beschreiben. Vielmehr waren diese Farben ein warmer Widerschein langer, abendlicher Sonnenstrahlen, in denen im Sommer ein goldener Staub schwebt. Diesen hatte sie offenbar in ihrem Fell eingefangen. Und auch aus ihrem Namen sollte er hervorscheinen: Wir nannten sie La Dorée, die Goldene.

Die ersten beiden Tage verbrachte Minette in dieser regungslosen Verzückung, die nur Mütter kennen. Ganz offensichtlich schien sie auf der Welt nichts Schöneres mehr zu kennen als ihre Jungen. Sie wurde es nicht müde, sie immer wieder glatt zu lecken. Hier und dort fand sie immer eine Stelle. Wenn wir uns ihr näherten, rückte sie ein wenig zur Seite, als wollte sie sagen: »Schaut her!« Danach zog sie die Jungen mit einer nervösen Bewegung – eigen und charmant, überaus weiblich – wieder zu sich heran und schmiegte sie an sich. In ihren Augen leuchtete eine sanfte und zugleich wilde Liebe auf.

Nun denn! Wer kann sich vor diesem Hintergrund folgende Absonderlichkeit erklären: Minette, die über ihr aufmerksames Muttersein sogar vergaß, zu essen und zu trinken, verschwand am dritten Tag.

Was ging wohl in ihrem immer etwas launischen Geist vor? Welches hartnäckige Trugbild hatte sich ihr aufgedrängt, ihr, die sie sich stets von plötzlichen Gefühlen leiten ließ? Empfindsame Wesen wie sie haben einen gebieterischen Willen. Minette musste einem heftigen, unbezähmbaren Drang nachgegeben haben. Hatte eine bereits verblassende Erinnerung an Mouton sie gepackt? Machte die Natur sie einstweilen mehr zur Ehefrau als zur Mutter? Wer weiß das schon?

Nach ein oder zwei Stunden wimmerten die Kätzchen. Ich spürte, dass ihre Temperatur sank. Was konnte ich tun? Wenn ich sie auf den Arm nahm, schrien sie gellend. Hört eine Katzenmutter diese Schreie, kommt sie für gewöhnlich sofort herbeigelaufen. Sie vergisst sich völlig. Wenn sie den Menschen nicht kennt, fährt sie die Krallen aus und stürzt sich auf ihn, um zu ihren Jungen zu gelangen. Ist ihr der Mensch jedoch vertraut, streift sie ihm um die Beine, verleiht ihrem Kummer mit flehenden *pffchs* Ausdruck und miaut zitternd. Inständig begibt sie sich in die Position, in der sie auch ihre Jungen säugen würde, als wollte sie sagen: »Bitte, bitte gib sie mir zurück!«

Bringt auch das nichts, steht sie wieder auf, und um nicht allzu weit entfernt von ihrem Jungen zu sein, wird sie sich nach Kräften darum bemühen, sich auf die Hand zu legen, die es ihr vorenthält. Damit das arme Kleine wenigstens spürt, dass die Mutter da ist, dass sie es beschützt und wärmt. Damit es wieder Vertrauen fasst und sich beruhigt.

Wenngleich es mir sehr schwerfiel, die armen Kätzchen so zu bedrängen, tat ich mein Bestes. Bald schon schlugen die kleinen Teufel um sich und schrien lauter und lauter.

Das konnte Minette doch nicht entgehen, jeden Moment musste sie herbeigerannt kommen. Aber im weitläufigen Garten verhallten die Schreie ungehört. Minette kam nicht zurück.

So lächerlich es auch erscheinen mag, ich war darüber sehr unglücklich. Weder mein Herz noch mein Geist ließen den Gedanken an ihren Tod zu. Und war es nicht meine Aufgabe, jedes Leben zu beschützen, da ich doch seine ersten Regungen dank Gottes Gnade in meinem Innern spüren durfte?

Ich musste also den Sprung ins Ungewisse wagen. Wenn Minette ihre Jungen zurückließ, dann musste ich eben ihre Amme sein. Alle drei lagen auf meinem Schoß. Ich säugte sie mit meiner feinsten Nadel und meinem weichsten Schwamm. Es fiel mir sehr schwer, die Milch in ihre widerstrebend zusammengekniffenen Münder zu befördern. Zunächst benetzte ich nur ihr Fell und kühlte sie so noch mehr ab.

Wie bewältigt man also die schwere Aufgabe, ein Neugeborenes das tun zu lassen, was man möchte? Stets heißt es, dass Kinder lediglich ein passives Dasein führen. Ein schwerer Irrglaube! Bereits Hunderte Male habe ich gesehen, wie jede Geduld, jede List einer Mutter von der unbezwingbaren Gegenwehr eines kleinen, schwachen und doch so starken Wesens zunichtegemacht wurde.

Mouton, Pluton und La Dorée wollten lieber verhungern, als sich von mir füttern zu lassen.

Ich musste schwereres Geschütz auffahren und diese drei kleinen, trotzig verkrampften Münder geradezu aufstemmen. Ihre dünnen, zarten Krallen ließen sie ebenfalls spielen. Überall an meinen Händen spürte ich die scharfen Spitzen.

Doch das kümmerte mich nicht. So konnte ich ihnen das Leben retten. Noch immer verfluchte ich Minette für ihr Verschwinden, ich konnte nun nicht mehr auf sie warten. Die Nacht drohte, strapaziös zu werden. Denn nichts kann die sanfte Wärme einer Mutter ersetzen, schon gar nicht die Wärme einer Katzenmutter, die durch die Energie in ihrem dichten Fell zwei- bis dreimal so stark ist.

So gut ich konnte, wickelte ich die Jungen in Watte,

legte eine leichte Decke über sie und hielt sie nah an meinem Körper, unter meiner ausgestreckten Hand. Dort konzentrierte sich die Wärme, das spürten sie, sie schmiegten sich aneinander und rekelten sich. Sie reckten ihre drei Köpfchen nach oben, drückten sich gegen meine Hand. Ich schlief kaum, denn ich hatte solche Angst, ihnen wehzutun. Ich saß hier fest, konnte einfach nicht fortgehen. Beinahe hätte ich aufgegeben. Doch was, wenn ich sie am nächsten Morgen unterkühlt, verängstigt oder – wer weiß? – vielleicht sogar tot aufgefunden hätte? Nein, ich kenne mich zu gut. Ich musste sie behüten ...

Schließlich, nachdem sie sechsunddreißig Stunden lang verschwunden war, steigt Minette mit einem verstörten, leeren Blick und vor Schlaflosigkeit ausgezehrtem Gesicht durch die Hecke und rennt direkt in mein Zimmer. Zuallererst schaut sie nach ihren Jungen, die sie in ihrer Geburtsstätte zurückgelassen hat. Sie springt hinein und versinkt zwischen den Kätzchen, als wollte sie die Welt nicht mehr sehen. Dann entspannt sie sich, eine unbeschreibliche Woge der Zufriedenheit überkommt sie, als sie spürt, wie die Jungen begierig die Milch aus ihren angeschwollenen Zitzen saugen. Sie hebt die Flanken, damit alle drei genug bekommen, und schließt die Augen, nicht etwa vor Müdigkeit, sondern um das Glück dieses ersten Moments voll und ganz auszukosten. Bis in die kleinste Faser scheint es sie zu durchströmen ...

Nun schlafen die Kätzchen. Minette sieht ihr Frauchen an, das nach ihr ruft, also springt sie vom Körbchen aus auf seinen Schoß. Es scheint, als wüsste sie, dass ihre Jungen nur dank ihm überlebt haben; es scheint, als wollte sie ihm dafür danken. Sie muss völlig ausgehungert sein, und doch bleibt sie sitzen.

Nun, Minette, möchtest du mir etwas beichten? Darf ich fragen, woher du kommst, was dich so erregt, so beunruhigt? Ein Traum, ein Rätsel ... Eine unerbittliche Macht, die uns zugleich beherrscht und blendet. Auch jene, die vom Baum der Erkenntnis gegessen haben, werden es niemals gänzlich zu greifen bekommen. »Ich bin zurück zu dir und meinen Jungen gekommen; ich spüre ein Gefühl der Erlösung, und das ist alles!«

VII
Spiele

Wie schön es doch war, wie die kleine Familie schon bald herumtollte und tobte. Von diesem lustigen Schauspiel lässt sich der Blick nur sehr schwer abwenden. Es könnte die betrübteste Miene erhellen, noch der weiseste Mensch wollte den ganzen Tag zuschauen.

Es würde mich nicht wundern, wenn manch ein strenger Minister aus dem vergangenen Jahrhundert beim Anblick solch hübscher Akrobaten hin und wieder den

Beginn der Ratsversammlung verpasst hätte. Begreifen wir ihre kindlichen Komödien denn je ganz? Eine spontane Geste lehrt uns eine Lektion oder erinnert uns an bestimmte menschliche Eigenschaften. Ich stelle mir vor, dass sich jener scharfsinnige Diplomat, an den ich gerade denke, beim Zuschauen Notizen machte. Denn steckt die Politik nicht ebenfalls voller List und Tücke, voller Tricks und Katz-und-Maus-Spiele?

Doch ein Kater schwingt nicht allein den Stab des Harlekins. Lässt man ihn einen oder zwei Monate lang wachsen, wird sein Gesicht ernster. Schon bald nehmen seine Augen und Ohren weniger Platz ein. Eines schönen Tages wird plötzlich, inmitten eines übermütigen Tanzes, in einer prächtigen Bewegung ein Schauspieler aus ihm hervortreten, und schon ist die Szene eine völlig andere. Dann stecken wir mitten in einer Tragödie.

Und der kleine Schelm hat noch mehr auf Lager! Seine bewegliche, kurvige Statur eignet sich für jede Rolle. Dort kauert er in der Ecke und wölbt das Kreuz. Er ahmt ein ganz fremdartiges Tier nach. Er sitzt auf dem Boden, streckt Kopf und Pfoten nach vorn, hält die Vorderbeine schlaff vor sich und ruft: »Ich bin ein Känguru!«

Beim Rennen und Klettern scheint er höhere Ansprüche zu haben. Mit all seiner Mimik, seinen schnellen Sprüngen und raschen Rettungen, die ihn vor dem Sturz in die Tiefe bewahren, seiner Gelenkigkeit und Agilität ist er ganz Vierbeiner. Hier jedoch scheint er seinen Meister gefunden zu haben, der ihm die erste Lektion erteilt hat.

Wenn der Kater fröhlich erwacht, reicht ein bloßer Lichtstrahl voll aufgewirbeltem Staub, um die Spiellaune in ihm wieder zu entfachen: Er läuft hin, rennt hindurch und verteilt ihn. Der staubige Strahl bildet sich von Neuem, sein Flimmern wirkt wie ein Tanz; er sieht ihn und wedelt mit der Pfote, um ihn wieder aufzuwirbeln. Er glaubt, mit ihm wie mit einem Ball zu spielen, doch spürt er keinen Widerstand. Diese Leere spornt ihn an: Im goldenen Staub dreht er Pirouetten, huscht im Licht hin und her, springt vor und zurück. Er ist flink wie ein Wiesel.

Diese vielseitige Körpersprache, die womöglich Aufschluss über die verschiedenen Ursprünge der Spezies gibt (man denke an die Katzenrasse Manx, die keinen Schwanz hat), ist eine Eigenheit der gewöhnlichen, nichtreinrassigen Hauskatzen, unter deren Fell die Körperform und ihre Bewegungen deutlich zu erkennen sind. Angorakatzen und sogar Mischlingskatzen sind mit ihrem dichten, zuerst ein wenig wolligen Fell in jungen Jahren nicht mehr als hinreißende kleine Bären.

Ist ein Katzenjunges allein mit seiner Mutter, will es natürlich mit ihr spielen. Die Natur hat die Mutter vorsorglich mit einem gewissen Rest an Kindlichkeit ausgestattet. Noch im fortgeschrittenen Alter bemüht sich die ehrwürdige Dame um jugendliche Gewandtheit und Geduld für ihr Junges. Seine leichtsinnigen Frechheiten nimmt sie hin, ohne sich allzu sehr darüber zu ärgern.

Doch wenn der gesamte Wurf beisammen ist, denkt keins der Kinder an die arme Mutter. Reglos und in einiger Entfernung sitzt sie dann etwas erhöht, wie um besser sehen zu können, und schaut aufmerksam zu. Sie ist sichtlich an allem interessiert. Ihr Blick springt von einem Kätzchen zum andern, nichts entgeht ihr. Wenn einem ihrer Jungen im Eifer des Gefechts ein grandioses, witziges Kunststück gelingt, so wird sie, die sonst niemals lacht, hochschrecken. Damit tut sie ihre Anerkennung kund: »Ah! Seht her, das ist mein Wunderkind!« Eigentlich möchte sie mitspielen, nicht von ihren Jungen vergessen werden. *Mrrr ... Mrrr ...* »Kommt doch mal her zu mir!« Aber die Kätzchen hören nicht auf sie. Dann hält sie es nicht mehr aus, verlässt ihren Platz, geht auf sie zu, hebt hie und da die Pfote, damit sie reagieren. Sie ist schon ein wenig zu schwer, um mit den kleinen Teufeln zu spielen. Alle Kinder sind ganz und gar respektlos. Und das spürt die Mutter bald, durch die Zwanglosigkeit, mit der die Kätzchen ihr begegnen. Man könnte fast meinen, dass darin sogar ein wenig Spott steckt. Sie schüttelt den Kopf und nimmt neben ihrem Frauchen ihre würdevolle, ernste Haltung wieder ein.

Einige Menschen behaupten, dass jedes Spiel zwischen Jungkatzen dazu dient, das Jagen zu erlernen, doch diese Meinung teile ich nicht. In einer Katze erwacht zuerst eine Welt von Ideen und Bildern, nicht jedoch Bilder von Beute, diese erscheinen ihr erst später. Wie auch das Kind wird die Katze zuallererst von Dingen angezogen, die sich bewegen. Es scheint, als täuschte diese Beweglichkeit der Objekte über ihre Unbelebtheit hinweg. Sowohl Kind als auch Katze verfolgen diese Regungen zunächst unsicher, sind davon jedoch schon bald wie verzaubert. Das Kind will den Ball zu fassen bekommen, der über seiner Wiege hängt, die Katze hingegen hastet vor allem am Abend allzu gern seinem Schatten nach.

Tigrine hat ein lebhaftes Interesse an den Silhouetten, die wir an die Wand werfen. Sosehr ich auch versuche, sie für ein Spielzeug zu begeistern, sie schaut allein zu diesen magischen Umrissen. Darin scheint sich in ihren Augen die Wirklichkeit zuzutragen. Der Schatten wird für sie greifbarer als das Objekt selbst – ob das ein Zug ihrer Spezies ist? Erwachen da die Instinkte einer Jägerin, die nachts weniger die Beute selbst als ihre unruhigen, vom weißen Mondlicht maßlos vergrößerten Schatten aufspürt?

Was für eine verblüffende Ähnlichkeit doch zwischen Kindern und Katzenjungen besteht, wenn sie für sich allein spielen! Wenn ich sehe, wie sich Tigrine auf den Boden fallen lässt, nach ihrer Pfote schnappt und hineinbeißt, wie sie mit allen vier Beinen zappelt und mich, wenn ich mich ihr nähere, sozusagen mit ihren kleinen Armen umklammert, welche Erinnerung an die Vergangenheit kommt da in mir hoch …?

Diese Spiele sind der Katze eigen; ein Hund vergnügt sich ganz anders. Mit dem ganzen Körper widmet er sich dem Spiel, ein wenig schwerfällig und irrsinnig, blind. Er beißt nicht allzu fest, aber unglaublich gern. Bei der Katze hingegen scheinen sich der Geist und die Bewegungen in den Pfoten zu konzentrieren. Sie bescheren ihr unzählige Freuden: Sie wird es nicht müde, ein Objekt aus Gummi immer wieder anzurühren. An harten Dingen allerdings verletzt sie sich; sie mag nur, was Widerstand leistet und nachgibt.

Ich kaufte Tigrine ein Holzmännchen, und ich dachte, es würde sie mit all seinen dramatischen Gesten beeindrucken. Das tat es auch, jedoch nur kurz. Schon bald empfand sie seine Arme und Beine, die kläglich hin- und herschwangen, als zu grob und zu trocken für ihre feinfühligen Pfoten. Viel lieber spielt sie mit der Maus, die das Dienstmädchen aus braunem Leintuch für sie gefertigt hat. Sie ist mit Watte gefüllt und fühlt sich für Tigrine viel angenehmer an. Sie kratzt sehr gern daran herum, doch wenn sie allein ist, schmiegt sie die Maus auch oft an sich. Dann wird ihre Beute zu ihrem Kind. Schon oft ist Tigrine in dieser Haltung eingeschlafen.

Ein jedes Lebewesen vollzieht in seiner Kindheit solch weibliche Spiele, das ist nichts Besonderes. Doch schon bald folgen darauf die Spiele der Spezies, in denen sich die wahren Eigenarten der Katze offenbaren, die Spuren der zugleich brutalen und trägen Natur ihrer Vorfahren. Davon hat die Zeit nichts ausgelöscht. Jeden Moment kann dieses zahm gewordene Raubtier zu seinen Ursprüngen zurückfinden, eine Szene aus der Wüste oder dem Dschungel nachstellen.

Ein Wort der Erklärung: Nicht nur ist die Katze das empfindsamste aller Lebewesen, sondern sie hat, so glaube ich, nach dem Vogel auch den schnellsten Kreislauf. Daher rühren ihre Unbändigkeit und ihre unvorhersehbaren Gefühle und Regungen, die verwirren und warnen. Viele Menschen fürchten sich vor Katzen, halten ihre Spiele gar für hinterhältig. Aber man muss die Katzen nur einmal gründlich genug beobachten. In einem Kätzchen von zwei Elterntieren, die bereits gut erzogen wurden, steckt keinerlei Heimtücke. Nur aus Angst oder Nachlässigkeit fährt es die Krallen aus. Ich will nicht leugnen, dass an manch einem Gewittertag auch eine gewisse Gereiztheit dazu kommt, doch wer von uns Menschen kann schon behaupten, an solchen Tagen völlig gefasst zu sein? Nicht jeder Biss erfolgt aus Bosheit. Katzen haben, ebenso wie ihre Verwandten, die Löwen und vielleicht auch die Tiger, ein sehr empfindliches Gebiss. Schauen Sie gut hin, dann werden Sie bemerken, dass ihre Unpässlichkeiten in der Kindheit nicht selten mit dem Durchbruch eines Zahns zusammenfallen. Dann sind sie unruhig und nervös und wollen ihre Zähne in alles versenken. Tigrine hatte damals nichts anderes zum Hineinbeißen und kaute deshalb den lieben langen Tag an ihrem Binsenkörbchen herum. Oft sah ich, wie sie mit ihren grünen Augen meine Hand fixierte, ein schlechtes Zeichen. Manchmal überwältigte sie die Versuchung. Meist jedoch konnte mein Blick sie in Schach halten; um ihr Verlangen zu stillen, stürzte sie sich dann auf irgendein Ding, es konnte sogar aus Eisen sein, und biss sich daran fest.

Doch kommen wir zurück zu unseren Spielen.

Wenn viele junge Katzen zusammen sind, verschwendet keine von ihnen einen Gedanken an Mäuse. Auch sehen sie einander nicht als Feinde an, und ihr Gerangel ist allenfalls Ausdruck der Kämpfe, die ihre Vorfahren auszufechten hatten.

Schon bald verbirgt sich unter dem unschuldigen Versteckspiel das Lauern einer Raubkatze, die nach dem Feind späht. In der Entfernung kreuzen sich die Blicke. Jetzt bloß keine Angst zeigen.

Ihre Körperhaltung ist häufig herausfordernd oder verächtlich: »Komm schon, ich warte nur auf dich!« Man könnte meinen, dass sich eine dumpfe Wut darunter mischt; die Katze sträubt das Fell, stellt den Schwanz auf und schlägt damit auf den Boden oder gegen ihre

Flanken. Sie geht ein wenig schräg, macht einen Buckel. Nein, Anlauf nimmt sie nicht: Hier schwelt ein Gefecht, gleich folgt ein Duell. Beide taxieren einander, schätzen ihre Vor- und Nachteile ab. Vielzählige schneidend scharfe Waffen stehen ihnen zur Verfügung, die zu diesem Anlass gründlich poliert wurden. Diese Gegner wollen sich behaupten, ihr Geschick unter Beweis stellen und zeigen, wie gut sie Schläge parieren können.

Doch Vorsicht! Die Partie beginnt, der Kampf spitzt sich zu, die Waffen rasseln; Adieu Besonnenheit, mach Platz für den Wahnsinn! Er wird die leichtsinnigen kleinen Tiere retten. Auf die Vorsicht folgen ungeheure Sätze, Sprünge und Streiche. Unsere Kämpfer sind kaum noch zu sehen, wo sind sie bloß? Vor meinen Augen spielt sich immer wieder eine magische Szene ab: unbeherrschte Hippogryphen, zu voller Größe aufgerichtete Chimären, deren Füße sich von der Erde lösen. Jeden Augenblick könnte man meinen, sie flögen bald los.

VIII
»Wie Hund und Katz«

Doch eines Tages, in der Mittagsruhe, findet sich ein neuer, unerwarteter Gast bei uns ein: ein bezauberndes Spanielweibchen. Es läuft zu meinen vier Katzen, die sofort die Flucht ergreifen. Eine allzu verständliche Reaktion. Minette gibt einen Schrei von sich, springt mit einem Mal durch die Hecke und klettert auf den Baum, die Kleinen folgen ihr auf dem Fuß. Fatmé – so lautet der Name der Hündin – kläfft auf besonders zermürbende Weise. Ich muss sie einsperren, damit meine kleinen Flüchtigen wieder herunterkommen.

Minette klettert als Erste herab, in weiser Voraussicht ganz langsam. Sie hat das Fell gesträubt und spricht mit sich selbst. Doch wer die Katzensprache versteht, weiß, was sie sagt: »Was wollte die hier? Hoffentlich ist sie wieder fort!« Mir ist schleierhaft, woraus eine solche Feindschaft zwischen zwei Lebewesen erwachsen kann, die einander noch nie begegnet sind und daher – so sollte man meinen – keinerlei Grund haben, einander zu hassen.

In einem alten arabischen Lehrbuch, dem *Rasa'il ichwan as-safa*, habe ich Folgendes gelesen: »Tiere aller Länder nehmen an einer großen Versammlung teil, deren Vorsitzender der Löwe ist. Eine ernste Diskussion entzündet sich.

Sie wollen die Gründe erörtern, die den Menschen dazu brachten, die einst freien und glücklichen Tiere zu seinen Sklaven zu machen. Die Klügsten unter den Anwesenden fragen sich, wieso Hunde und Katzen sich so bereitwillig unterworfen haben.

Der Löwe sagt darauf: ›Als die Kinder Kains die Kinder Abels niederschlugen, schlachteten sie das Vieh und hielten prächtige Festmähler. Der Hund witterte diesen

Überfluss, verließ die Gefährten seiner Spezies, ging zu den Menschen und verteidigte sie sogar gegen seine Brüder. Seit jeher leben Mensch und Hund in Eintracht.

Die Katze tat es dem Hund gleich und durfte sich zu den Menschen in ihren Häusern gesellen. Sie schläft auf dem Teppich und läuft über das Tischtuch, wohingegen der Hund, von den Menschen als unrein angesehen, das Haus nicht betreten darf. Daher rühren der Neid und der Hass zwischen diesen beiden. Wenn ein Hund eine Katze erblickt, stürzt er sich auf sie und reißt sie in Stücke.‹«

Die Tiere sind wie wir. Ungleichheit verletzt sie. Auf ihre Weise stellen sie Forderungen, verschaffen sich untereinander selbst Recht. Ein Reisender, der einmal den Orient besuchte, erzählte mir diese seltsame Geschichte.

Das Dromedar, einst das einzige Reittier der Wüste, empfindet auf seinen Verwandten, das Pferd, einen tiefen Hass, da dieses bevorzugt wird, das Zelt betreten darf und nur leichtes Gepäck schultern muss. Wie ein Ackergaul fristet das Dromedar fortan sein Dasein unter den Lasten des Packsattels, eine Arbeit, für die es die Natur nicht vorgesehen hat (denn seine Gelenke sind zu schwach, seine Beine zu wacklig für dieses Joch), und deshalb hegt es Rachegelüste. Geduldig und heuchlerisch wartet es, bis sich der richtige Moment anbietet; es misst die Entfernung ab, und sobald es sich in Reichweite befindet, bricht es seinem Feind mit einem raschen, gezielten Tritt das Bein ... Doch die Zeiten ändern sich, das Pferd verlässt allmählich seine luxuriöse Stellung und wird wieder zu einem wahren Arbeiter, und so versöhnt sich das Dromedar mit ihm: Da sie das gleiche Schicksal erleiden, verblasst der Groll, und zwischen ihnen entsteht eine Art Freundschaft.

Hunderte Male habe ich beobachten können, wie sich auf Höfen, wo doch der grobe und besorgte Bauer niemanden bevorzugt, zwischen Hunden und Katzen dasselbe abspielte.

Allerdings wird dort zumeist der Hund besser behandelt. Da ihm die Aufgabe zukommt, nicht etwa Mäuse zu fangen, sondern Wache zu halten, muss er gefüttert werden. Doch nicht zu sehr, denn Leibesfülle macht schläfrig. Einige magere Bissen müssen genügen. Die Katze hingegen soll gefälligst jagen gehen. Wehe ihr, wenn der letzte Rest im nahezu leeren Futternapf sie reizt. Lauthals wird die Diebin niedergebrüllt: »Ihr ist wohl gar nichts heilig!« Und voller Feindseligkeit läuft die Bäuerin herbei.

Seine karg bemessene Ernährung verleiht dem Hofhund eine gewisse Gelassenheit. Er bellt nur wenig. Bereits das findet die Katze versöhnlich, denn sie weiß Ruhe und friedvolle Manieren zu schätzen. Die längste Zeit eines Tages befinden sich keine Menschen auf den Höfen. Geht die Bäuerin nicht allzu weit, begleitet die Katze sie manchmal. Andernfalls verbleibt sie auf der Bank vor der Tür. Schon bald lastet die Einsamkeit auf ihr. Auch der Hund, festgebunden in seiner Hütte, hat keine große Freude. Die Katze, die sich von ihm nie sonderlich hat einschüchtern lassen, geht ihn besuchen. Scheint im Winter die Sonne auf die Hundehütte, ist es darin warm wie in einem Ofen, auch wenn draußen ein schneidender Wind weht. Und Wind kann die Katze überhaupt nicht leiden. Sie geht also hinein, und mit einem leisen, zufriedenen Brummen macht der Hund ihr Platz.

Schaut man später nach ihnen, sieht man sie noch immer dort liegen, brüderlich aneinandergeschmiegt.

Dennoch stimmt es, dass ein Hund und eine Katze, die sich noch nicht kennen, einander stets als Feinde begegnen. Der Katze missfällt die Gelassenheit des Hundes in höchstem Maße, denn sie ist ein vornehmes, stolzes Tier, das nicht einmal bei seiner eigenen Spezies leichtsinnige Zutraulichkeit billigt. Und schon bei der kleinsten Überraschung hallt das gellende Gebell durch die Luft – es ist nicht auszuhalten.

Hat man, wie mein Vater damals, siebzehn Katzen im Haus, ist es dennoch völlig still. Jede von ihnen lebt leise ihr Leben. Außer zu den Zeiten des Jahres, da es für sie unverzichtbar ist, sich an der frischen Luft zu versammeln, lässt sich mit ihnen insgesamt ein geradezu klösterliches Leben führen ...

Siebzehn Hunde hingegen! Das wäre eine Meute, die man mit der Peitsche in Schach halten müsste. Träfen sie so unvorbereitet aufeinander, würden sie nicht etwa umgänglicher werden, sondern verwildern. Auf Schloss Meudon wohnte ich einst einem Abendessen bei, das ich nie wieder vergessen werde. Gut zwanzig Hunde verschiedener Rassen waren anwesend: Laufhunde, Vorstehhunde und so weiter. Sogar ihr Halter war verunsichert. In solchen Momenten der Blindheit, sagte er mir, könne man nämlich nie sicher sein, dass die Hunde ihr Herrchen wiedererkennen. Was für ein wütendes, ohrenbetäubendes Gebell! Unerwartet unterbrachen die Bissigsten unter ihnen ihr Abendessen, um sich tobsüchtig auf einen Rivalen zu stürzen.

Man möge die Katze also nicht für das Grauen verurteilen, das sie empfindet, wenn ein Tier auf sie losgelassen wird, das in allem nur Beute erkennt. Auf solcherlei Schrecken folgt oft ein derart gewaltiger Krampfanfall, dass man ihn für Epilepsie halten könnte.

Die Katze ist weder feige noch ängstlich, sondern bedachtsam und scheu. Sie kennt ihre Stärken und ihre Schwächen. Für ihre überaus empfindlichen Nerven stellt ein unerwarteter Anfall eine zusätzliche Gefahr dar: Er durchströmt und lähmt sie wie ein Blitzschlag, obwohl sie doch eigentlich die Flucht ergreifen will.

Wird eine Katze auf freiem Feld verfolgt, fühlt sie sich

umso mehr ausgeliefert. Rennen liegt nicht in ihrer Natur, diese Anstrengung erschöpft sie schnell. Sprünge entsprechen ihrem Wesen viel eher. In einem solchen Fall kann sie dank ihnen dem Tode entkommen. Doch auch das hält sie nicht lang durch. Die Luft geht ihr aus, die Muskeln erschlaffen. Hundertmal besser für sie sind Mauern, Bäume oder auch der Schutz eines Gebüschs. Lauert sie derart im Hinterhalt, kann sie noch dem größten Hund stundenlang die Stirn bieten. Sie muss nur ein wenig die Pfote spielen lassen und ihre scharfen Krallen ausfahren, und schon ist die Angst ganz seinerseits. Er zappelt, windet sich und kläfft, aber aus sicherer Entfernung. Letzten Winter sah ich einen Spaniel von enormer Größe, der sich von einem derart gefechtsbereiten dicken Kater einschüchtern ließ. Der Hund rannte gleich zu mir, kam ganz nah an mich heran und wollte von mir beschützt werden ...

Eine solche Furcht lässt sich nicht einfach vergessen. Die Mutter gibt sie an ihre Kinder weiter. Selbst jene Katzen, die in Zuneigung und Sicherheit gewogen werden, schrecken beim kleinsten Warnsignal hoch. Die instinktive Angst ist ihnen ins Blut übergegangen. Bellt in der Ferne ein Hund, wird sich eine Katze sofort aufrichten und aufmerksam lauschen, nur selten geht ein Angriff von ihr aus. Fast immer ist es der Hund, der sich leichtsinnig unter ihre Krallen wirft. Mutterkatzen zeigen keinerlei Zurückhaltung, und das mit gutem Recht, denn schließlich müssen sie ihre Jungen beschützen.

Was uns Menschen betrifft, so stimme ich der Rede des Löwen zu. Unsere Ungerechtigkeiten und unser Hang zur Bevorzugung gegenüber unseren Haustieren liegen oft der tiefgreifenden Abneigung zwischen ihnen zugrunde, die wir später ihrer Natur zuschreiben.

Der Hund weiß ganz genau, dass die Katze die eigentliche Hausherrin ist: Sie kann überallhin gehen, vom Keller bis auf den Dachboden, lässt sich dort nieder, wo es ihr gefällt, kurzum, sie ist frei und glücklich. Er hingegen, der den lieben langen Tag in seiner Hütte liegt, richtet seinen Willen allein nach dem seines Herrchens.

Ich kann mir vorstellen, dass es den Hund ein wenig trösten würde, wenn er wüsste, was er für eine wichtige Aufgabe erfüllt. Die Katze verrichtet im Haus nur nebensächliche Dienste, und wenn sie nachts fortgeht, spielt das kaum eine Rolle. Doch wie tief würde der Besitzer noch schlafen, wenn ihn hier, in der Einsamkeit des Landes, die angelehnte Tür allen möglichen Gefahren aussetzte und sein treuer, aufmerksamer Freund draußen nicht Wache hielte ...?

Der Hund nimmt am Leben des Menschen teil. Die Katze hingegen, ermüdet von der Nacht und ihren Strapazen, zieht sich bei Sonnenaufgang zurück und schläft am liebsten gleich ein. Wehe also dem wachen Hund, der sie in verrücktem Leichtsinn oft, ohne jede Absicht, jäh aus dem Schlaf reißt! Das tun vor allem Jagdhunde, die in allem, was sich bewegt, nur Wild wahrnehmen. In einem plötzlichen, eigentlich unschuldigen Anfall von Aufregung ist der Jagdhund geneigt, seine Beute mit einem gezielten Biss in den Nacken zu erlegen.

Schon wenn die Katze dieses Ungetüm, das auf sie zuerst verrückt, dann verschmitzt wirkt, aus weiter Ferne sieht, nimmt sie sich in Acht und macht einen Buckel, denn sie weiß ja, wozu es fähig ist! Alles in allem ist sie doch nicht so mutig, wie man meinen könnte. Wenn sie kann, erklimmt die Katze einen Baum, eine Mauer oder läuft wieder ins Haus, aber sie weiß, dass sie von hinten überwältigt werden könnte, und schaut sich deshalb erst einmal gründlich um, bevor sie sich abwendet. Hat sie keine andere Möglichkeit, geht sie zum Angriff über, die scharfen Krallen gewetzt und ausgefahren, den Körper auf die doppelte Größe aufgeplustert, das Fell gesträubt, steif wie Rosshaar, während der starre, aufgebauschte Schwanz kriegslustig absteht wie ein prächtiger Federschmuck.

Vor einer solch vornehmen Dame (denn Katzen sind stets mutiger als Kater) wird der Hund die Rute einziehen und sich respektvoll oder allzu friedfertig zeigen. Schließlich wollte er doch nur spielen. Er weiß, dass die Katze ihm ohne Weiteres das Augenlicht nehmen könnte, also stiehlt er sich gehorsam und kleinlaut davon. Sie wiederum kehrt voller Würde zurück, doch ihr Herz ist noch immer erregt. Das lässt sich an ihrem Fell erkennen, das noch einige Minuten lang gesträubt bleibt, an ihrem heftigen Zucken, ihrem dumpfen Knurren.

Nicht alle Hunde muss die Katze gleichermaßen fürchten. Schließlich gibt es sehr viele Rassen! Den Neufundländer sieht sie eher als Freund an, diesen wahrhaftigen Patriarchen der Straße, wie alle kräftigen Wesen sehr gemächlich. Er bewegt sich langsam und bedächtig, kläfft nur selten und liebt die Stille. Ein liebes, braves Tier. Die Katze, diese scharfsinnige Beobachterin, lebt im Einklang mit ihm, sucht oft seine Gesellschaft. Aber der Windhund, der keinen Verstand hat und sich mit seinen langen Beinen in nur drei Sätzen auf sie stürzen kann; aber der schelmische Zwergspitz, dieser kleine Flegel, der mit seinem unergründlichen Blick alles zu durchdringen scheint, was sich hinter den regungslosen Augen der Raminagrobis* abspielt, der sie bedrängt, als wollte er sie zum Reden zwingen; aber die jähzornige, launische, bissige, mürrische Dogge, mit ihrem Gesicht einer alten Frau: Allesamt sind sie der Katze zuwider ...

Wie dem auch sei, eine weise Hausherrin muss sich zwischen all der Eifersucht und der Feindschaft vorsehen.

Wir nahmen Fatmé bei uns auf, denn sie hatte kein

---

* Anm. d. Ü.: Raminagrobis war ursprünglich eine Figur aus Rabelais' *Pantagruel*, später gab Jean de La Fontaine diesen Namen in seinen Fabeln »Die Katze, das Wiesel und das Kaninchen« sowie »Die alte Katze und die junge Maus« der Katze.

Herrchen mehr. Ich bemühte mich nach Kräften um Eintracht zwischen ihr und meinen Katzen, indem ich allen die gleiche Zuneigung zuteilwerden ließ. Wie schwer es mir doch fiel, mich nicht überrumpeln zu lassen, als meine alte Freundin Minette ihre früheren Rechte einforderte! Jeden Morgen etwa erlaubte ich ihr, auf mein Bett zu springen, ein kleines bisschen Milchkaffee zu trinken und schließlich noch ein wenig neben mir zu schlummern. Fatmé wollte es ihr gleichtun. Minette protestierte dagegen, und ich war ganz ihrer Meinung.

Das hielt Fatmé jedoch nicht davon ab, um einen kleineren Gefallen zu bitten. Sie wollte sich mit einem Plätzchen am Fußende des Bettes zufriedengeben. Auf meine Weigerung erntete ich nur Winseln. Ich hob die Hand und blickte streng drein, doch darauf hob sie wiederum die Pfote und schien damit zu sagen: »Aber Minette darf doch auch!« Unter ihr Flehen mischten sich schließlich leises, ungeduldiges Heulen und nahezu hasserfüllte Blicke für die glückliche Rivalin.

Ich war im Unrecht, das spürte ich. Meine Parteinahme verstärkte den Unfrieden nur. Eines Morgens, beim Anblick ihrer bittenden, bettelnden Pfote und ihrer feuchten Augen, ließ ich mich erweichen. Vergnügt zitternd hob Fatmé mit ihrer schwarzen Nase die Decke an, vergrub sich darin und rollte sich mit einem bedeutungsschweren Stöhnen zusammen. Sie schaute Minette an, die die

Augen aufriss und es nicht fassen konnte; die Hündin sagte zur Katze: »So, jetzt liege ich hier auch!«

IX
Tod von Mouton und La Dorée

Obwohl Mouton, Minettes Erstgeborenes, den größten Teil der Kraft seiner Mutter in sich aufgenommen zu haben schien, starb er als Erstes, wohlgemerkt nicht kampflos. Wir konnten miterleben, wie hartnäckig sich das Leben in diesen empfindsamen Wesen hält. Zwei ganze Wochen brauchte die Natur, um ihr Werk zu verrichten. Alles, auch noch sein letztes Seufzen, führte uns schmerzhaft vor Augen, welch unerschütterlicher Lebenswille bis zum Schluss in diesen kräftigen Tieren standhält. Man könnte fast meinen, dass der eigentlich so vergängliche Atem in ihnen niemals versiegt. Moutons Tod war Vorbote eines weiteren Todes. Seine kleine Schwester La Dorée lebte zwar länger als er, war aber kaum lebendiger. Ihr winziger, magerer Körper offenbarte eine sich langsam verschlimmernde Gebrechlichkeit, so wie sie auch beim Menschen vorkommt. Ich musste gelegentlich den Blick abwenden, wenn sie mich aus ihren großen, traurigen Augen heraus ansah, in denen eine ganz und gar menschliche Wehmut lag.

Viel lieber als bei ihrem quicklebendigen und verspielten Bruder Pluton hielt sie sich bei ihrem geruhsamen und stillen Frauchen auf, das ebenfalls litt. Wenn sie leise und wehklagend miaute, glaubte ich, dass sie mit mir sprach, mir das schmerzlich Offensichtliche mitteilte: Die arme kleine Katze würde bald dahingehen. Ihr langes, goldenes Fell verbarg trügerisch ihren schwachen Körper, den man kaum mehr spürte, der in meinen Händen sein Leben aushauchte.

Das Wachstum von La Dorée und Pluton ging mit heftigen Anfällen einher. Etwa alle zwei Wochen, manchmal sogar häufiger, durchströmten sie Zuckungen, ähnlich denen ihrer Mutter in der Trächtigkeit. Auf Geheiß von Leuten, die sich auszukennen vorgaben, verabreichte ich ihnen Arzneien, jedoch vergeblich. Selbst meine geliebten, erlesenen Pflanzen, die die Schmerzen in den Nerven lindern sollten, zeigten keine Wirkung ...

Wenngleich bei einem solchen Anfall alle Gliedmaßen unkontrolliert umherzucken, befindet sich das Übel im Kopf, die Krämpfe sind lediglich eine Reaktion darauf. Durch das dumpfe, stockende Röcheln, das mit jedem Atemzug erklingt, kann man eine Art Anstrengung vernehmen, die das Gehirn zu erlösen sucht, es von einer Besessenheit befreien will.

Diese zwielichtige Arbeit der Organe an sich selbst hatte etwas Merkwürdiges zur Folge: Am nächsten Tag schienen uns ihre Köpfe deutlich vergrößert.

An manchen Tagen wurden Bruder und Schwester zugleich befallen: Nach der Aufregung des Spiels überkam sie dann ohne Vorwarnung ein jäher Anfall.

Wenn das passierte, gestalteten sich die Krämpfe schwächer und kürzer. Andere Male ging ihnen eine absolute Reglosigkeit voraus. Die beiden Katzen warteten ängstlich und zusammengekauert, fast möchte ich sagen: in sich zusammengedrückt, damit sie dem Feind, von dem sie sich verfolgt fühlten, keine Angriffsfläche boten. Dann mussten wir ganz still sein, denn ein leiser Schrei oder eine plötzlich zuknallende Tür hätte ausgereicht, den Anfall auszulösen.

Jedes Mal fragten wir uns, woher dieser finstere und furchtbare Kampf rührte, der immer wieder von Neuem begann. Viele Menschen haben beteuert – und meine Erinnerungen untermauern diese Behauptung –, dass diese Anfälle nur bei Langhaarkatzen häufig auftreten, vielleicht sogar ausschließlich bei Angoramischlingen. Wenn dies tatsächlich stimmt, wie soll ich dann diese in ihrem Wachstum immer wieder, fast schon regelmäßig auftretenden Anfälle deuten, wenn nicht als Ergebnis der Kreuzung zweier Rassen, die zu weit voneinander entfernt sind, als dass daraus gesunde Wesen hervorgehen könnten?

Pluton gewann jedoch die Oberhand und wurde wunderbar kräftig. Seine Schwester war nie schöner und rührender als an den Tagen, die auf diese Mühsal folgten. In ihrem Innern aber schwand das Leben mehr und mehr dahin. All ihre noch so kleinen Bewegungen führten uns deutlich den schmerzvollen Charme eines jungen, erlöschenden Lebens vor Augen.

Wenn ich sah, wie sie langsam herab in den Garten kam und sich neben einem Rosenstock zwischen den Blumen versteckte, bestand kein Zweifel mehr: Ein Anfall war nah. Ihre schönen hellblauen, wenn auch traurigen Augen verfinsterten sich eigenartig. Sie erinnerten an das düstere Grün des Meeres nach einem gewaltigen Unwetter. Sie starrte in die Leere.

Ich wartete ebenfalls, regungslos wie sie. Erleichterte meine Anwesenheit ihr diese Qual? Ich wappnete mich mit Mut, um meine Beunruhigung zu bezwingen. Doch, ach! Jedes Mal, wenn sie ihre kleinen Vorderbeine hob, mit ihnen die Stiele der Rosen berührte, die sie gleich krampfhaft umklammern würde, fehlte mir die Kraft. Ich spürte, dass ich nichts für sie tun konnte, und ergriff die Flucht.*

Nachdem sie diese Tortur zehn Minuten lang durchlitten hatte, lösten sich ihre Pfoten von den Rosen, ihr gan-

* Der Anblick von Lebewesen, die so viel kleiner sind als wir Menschen, hat in solchen Fällen etwas Ansteckendes. Als ich einmal bei ihr blieb, um sie zu beobachten und zu versuchen, ihren Schmerz zu lindern, schließlich kenne ich mich damit aus, empfand ich den ganzen Tag über ein schmerzhaftes Beben in den Nerven.

zer Körper erschlaffte. Vom Anfall keine Spur mehr, abgesehen von ein wenig blutigem Schaum auf ihrer Zunge.

Meist blieb die Arme, wo sie war, und verfiel in einen vollkommen lethargischen Schlaf.

Später, beim Abendessen, gesellte sie sich zu uns und wollte, wie immer, auf dem Stuhl neben mir sitzen. Nicht um gefüttert zu werden, schließlich aß sie kaum, sondern um dem einzigen Wesen nahe zu sein, das sie liebte. Seit Minette sie nicht mehr säugte, hatte sie für La Dorée keinerlei Zuneigung mehr übrig.

Am Tisch saß sie zwischen uns dreien: dem Mann, der Frau und dem alten Onkel. Wenn wir liebevoll mit ihr sprachen, ermunterte sie das. Sie legte sich nicht hin wie eine Katze, der ihr eigenes Wohlbefinden wichtig ist, sondern saß da wie ein braves Kind, das zuhört und sich am Gespräch beteiligt.

Wenn ich sie einmal ein wenig zu sehr vergaß, streckte sie langsam eine hübsche, goldene Pfote aus, legte sie mir auf den Arm und ließ sie dort verweilen, als hätte ihr diese Anstrengung die Kraft geraubt. Dann sprach ich mit ihr, in einer Stimmlage, die nur Frauen hervorbringen können, zugleich scherzend und sanft. Mit einem leichten Zittern folgte sie den Regungen meiner Lippen und starrte dann in die Leere.

Man mag das merkwürdig finden, aber in manchen dieser Augenblicke wagten wir Menschen es nicht, einander anzuschauen. Da saß keine arme, gebrechliche

Katze bei uns, sondern eine Freundin. Für mich war sie sogar mehr als das, ein geliebtes kleines Kind, das zwar nicht sprechen konnte, sich jedoch mit Gesten und Blicken so gut auszudrücken wusste!

Was ich nun schreibe, wird man mir wohl kaum glauben. Trotz der Schwäche ihres Körpers, der allein aufgrund der enormen Anspannung ihrer Nerven lebte – erregt und geschärft durch diese Qualen –, überkam die Sterbende ein jäher Wunsch. Vor ihrem Lebensende wollte sie Mutter werden. Doch die Natur, die nur die Starken liebt, erlaubte es ihr nicht, diesen Traum auch in die Tat umzusetzen. Erschöpft davon, etwas zu geben, das nicht mehr in ihr steckte, nämlich das reiche Leben des Bluts, gebar sie eines Morgens fast ohnmächtig zu meinen Füßen drei sterbende, kaum entwickelte Junge.

Am besten wäre sie den dreien gefolgt und nicht mehr erwacht. Doch der Tod holte sie nicht sanft zu sich. Sie kam, ebenso wie später Minette, auf grausame Weise ums Leben. Um die Mittagszeit fand sie im Garten, ganz in meiner Nähe, einen barbarischen Tod: Eine hinterhäl
tig angebrachte Schlinge wand sich um ihren schwachen, empfindlichen Hals, den sie kaum noch hochhalten konnte. Sie hatte nicht mehr die Kraft, den Schrei auszustoßen, der mich herbeigerufen und ihr das Leben gerettet hätte.

Man wagte es nicht, sie zu mir zu bringen. Ich selbst musste sie aus dem unheilvollen Garten holen, wo schon ihr Vater sein Leben gelassen hatte. Ihren anmutigen, vom Tod erschlafften Körper legte ich in ihre geliebten Schatten, inmitten der Düfte und der Stille des Hains.

X
Grausame Prüfung
Minette kommt mir nahe und stirbt

An dieser Stelle kostet es mich einige Überwindung, meine Erinnerungen hervorzuholen und eine Wunde aufzureißen. Doch ich muss es tun, denn ich möchte in diesem Buch keinen Teil der Wahrheit auslassen.

Von der Mutterschaft lernte ich nur die grausamsten, tiefsten Schmerzen kennen. Das einzige Kind, das der Himmel mir schenkte, der Sohn, der unsere Freude und mein ganzer Stolz hätte sein sollen, sollte nicht überleben. Kaum hatte er in dieser tristen Welt die Augen geöffnet, schloss er sie schon wieder, entfloh meinen zitternden Händen, hinterließ nur ein Gefühl der Bitterkeit, die Trauer einer leeren Wiege.

Wenn auch das Haus leer war und mein Mann der Arbeit wegen schließlich wieder fortging, glaubte ich, in ein tiefes Loch zu fallen. Daran erinnere ich mich, als wäre es gestern gewesen. Alles, was meinem Glück zuträglich war, verschwand. Meine Blumen, durch meine gründliche Fürsorge so schön erblüht, erfreuten mich nicht mehr. Meine Tiere, die ich bis dahin so verwöhnt hatte, die dank mir so glücklich waren, erschienen mir nur noch wie bloße Dinge.

Nur ein einziges Bild verfolgte mich überallhin. Traurig und trübsinnig streifte ich durch den Garten. Ich spürte, wie jeden Augenblick Zorn aus mir hervorbrechen wollte. Alles verletzte und versehrte mich, auch die Natur, die selbst im Anblick meines Kummers noch sang und lächelte. Pflanzen erblühten in dieser Erde, die mir noch am Vortag den Sohn geraubt hatte ...

Wie langsam die Stunden doch verstrichen! Gemeinsam hatten wir die Quelle der Trauer geöffnet, doch allein, ohne ihn, konnte ich nicht weinen, die Linderung der Tränen blieb mir verwehrt.

Noch bevor sich der Herbst dem Ende zuneigte, ordnete mein Mann eine Luftveränderung an. Er nahm sich frei und ging mit mir nach Fontainebleau, in der Hoffnung, dass dessen Schönheit, die Kunst und die Natur dort ihre Wirkung auf mich entfalten würden. All das ging nicht spurlos an mir vorbei, doch es war einfach noch zu früh.

War das überhaupt der richtige Ort für mich? Die kleine Stadt, die verborgen liegt hinter einem Gürtel aus Wäldern, scheint ihr Leben ebenfalls dämpfen zu wollen. Zur Straßenseite hin stehen nur wenige Fenster offen, die Menschen schauen lieber auf der anderen Seite hinaus, über die Gärten, die sich hinter ihren hohen Mauern ebenfalls verstecken. Nirgendwo ist der Horizont zu sehen. Es herrscht eine tiefe Stille. Unwillkürlich senkt man die Stimme. Und noch lieber schweigt man gleich.

Die völlig geräuschlose Wüste des Waldes und des Heidekrauts bevölkern viele Wesen von seltsamer Gestalt – Sandstein oder Sphinx?* Zuweilen lässt es sich nicht eindeutig bestimmen –, doch in dieser Wüste herrscht keine Freiheit. Bei jedem Schritt erheben sich plötzlich Ungeheuer, halten die Spaziergänger auf und versperren ihnen den Weg. Ging ich in diesem Labyrinth hin und her, überkam mich Unruhe. »Wo bist du? Wie kommst du hier wieder heraus?« Kaltherzige Fragen, die so sehr jenen ähnelten, die ich mir in meinem Leid Tag für Tag stellte.

In meinem kleinen Garten nahm ich der Natur ihre überschwängliche Lebendigkeit übel; in den niedrigen, sandigen Teilen des Waldes, wo sich nichts regt und nichts raschelt, empfand ich sie hingegen als trist. Ein und derselbe Gedanke plagte mich mehr und mehr: Hier darf man weder die Heilung einer Verletzung noch die Linderung von Kummer erwarten. Dieser besinnliche Ort, so stumm und konzentriert, kann nur dabei helfen, dass man noch tiefer gräbt.

---

* Anm. d. Ü.: In den Wäldern um Fontainebleau befinden sich sehr viele bizarre Sandsteinformationen, die teilweise wie groteske Tiere aussehen.

Ich zog es also vor, den Rückweg zu unserem trübselig gewordenen Haus anzutreten. Schließlich wartete dort jemand auf uns: der alte Onkel, der bei uns lebte. Unverändert kehrte ich zurück, und sicher bemerkte das dieser einzigartige Greis – trotz seines Alters hatte er das jüngste, wärmste Herz, das ich mir vorstellen konnte –, und er wollte mich ein wenig trösten, indem er sagte, dass ihm unsere Abwesenheit unheimlich lang vorgekommen sei.

»Und die arme Minette hat die Welt nicht mehr verstanden! Als sie die Hoffnung schon aufgegeben hatte, euch jemals wiederzusehen, stieg sie hinauf zu eurem Schlafzimmer, ließ sich von mir die Tür öffnen und suchte überall gründlich. Sie sah und hörte nichts, da wandte sie sich mir zu, als wollte sie mich fragen: ›Wo sind sie denn bloß? Wo ist sie?‹ Ich wollte sie in meinem Zimmer halten, doch das war vergebliche Liebesmüh. Sie ging zurück in eures und legte sich zwischen eure Betten, wohl um sich eine trügerische Hoffnung zu bewahren. Dorthin kehrt sie jeden Tag zurück, nachdem sie gegessen hat und ein wenig an der frischen Luft war. Bestimmt wartet sie dort auf euch.«

Doch schon beim Klang meiner Stimme war Minette herbeigerannt. Sie ließ mir gar keine Zeit, richtig anzukommen, sondern erklomm mein Kleid wie eine Leiter, ließ sich in meinen Armen nieder und begrüßte mich unbändig auf ihre Weise, leckte mir über die Hände, wand sich hin und her, um sich größer zu machen und mich nicht nur mit der Nase anzustupsen, sondern gleich ihren ganzen kleinen Körper, der vor lauter Aufregung wie elektrisiert war, an mein Gesicht zu schmiegen.

Ich gebe es zu: Der Übermut, mit dem sie mich derart unerwartet empfing, rührte mich sehr. Je beherrschter sich ein Lebewesen verhält, desto wertvoller ist es, wenn es uns einmal seine Anhänglichkeit zeigt.

Die Hoffnung des lieben Onkels schien sich zu erfüllen. Dieser einfache, natürliche Ausdruck von Zuneigung, die ich nur erwidern konnte, löste unbemerkt ein wenig den Knoten in meinem Herzen.

Am nächsten Tag nahm ich meine einsame häusliche Arbeit wieder auf, doch mein Geist war noch nicht so frei, dass ich mich wie zuvor hätte beschäftigen können. In mir selbst und unter meinen Füßen fühlte ich noch immer die schwindelerregende Leere, die mich anzog. Es war eigenartig, doch jedes gesprochene Wort war mir eine Qual. Nachdem mein Mann wieder fort war und ich dem Hauspersonal einige Anweisungen gegeben hatte, vergrub ich mich mit einer Art bitteren Freude in Schatten und Stille.

Ich dachte, ich wäre allein. Doch ich täuschte mich. Jemand war mir auf samtenen Pfoten unmerklich gefolgt oder vorausgegangen. Das ist besonders rührend bei einem Lebewesen, das den Freuden der Außenwelt höchst zugeneigt ist und durchaus wechselhafte Launen durchlebt. Was konnte ihm das traurige Frauchen im Gegenzug für seine beharrlichen Besuche schon geben? Ich sagte es bereits: Die Katze, nicht jedoch der Kater, nimmt auf so viele Weisen Anteil an unserem Leben. Mit großer Neugier betrachtet sie jede unserer Bewegungen, jedes Ding, das wir berühren, stets folgt sie uns auf dem Fuße oder schmiegt sich an unsere Hand.

Sicher hatte sich Minette bisher einen Zeitvertreib aus der Beobachtung meiner Tätigkeit gemacht, und wer behauptet, eine Katze, zurückgezogen in ihrem verschlafenen Egoismus, sei nichts als ein weiteres Möbelstück, irrt gewaltig. Doch wie viele Dinge sie nun als verändert wahrnehmen musste! Ich habe mich immer gern mit meinen Tieren unterhalten, und sie verstehen mich gut – sogar meine Vögel, die doch scheinbar ein viel weniger inniges Verhältnis zu uns Menschen haben. Gehe ich grußlos an ihnen vorbei, schreien sie auf eine ganz bestimmte Art, um mich auf mein Versäumnis hinzuweisen; Caroline, mein Buchfink, kläfft geradezu wie ein kleiner Hund, während Titi, mein Dompfaff, ganz eigenartig lacht. Ihre ausdrucksstarken Rufe verstummen erst, sobald das kleine Publikum die Ansprache erhalten hat, die ihm rechtmäßig zusteht.

Am eigenartigsten fand Minette wohl, dass ich nicht mehr mit ihr redete. Bestimmt erinnerte sie sich an unsere vergangenen, scheinbar endlosen Gespräche. Mein Schweigen beunruhigte sie sichtlich. Ständig versuchte sie, mit raschen oder zärtlichen Gesten meine Aufmerksamkeit auf sich zu lenken.

Eines Tages, als sie mir nicht gefolgt ist, mich offenbar ihrerseits vernachlässigt hat, kratzt jemand an der Tür. Ich weiß, wer es ist. Nein, ich habe mich geirrt, sie kommen zu zweit! Minette bringt ihren Sohn Pluton zu mir, dem der Sinn allein nach Abenteuern steht. Sie bemüht sich nach Kräften, ihn zum Spiel anzustiften, will mit ihm sogar auf meinen großen Schreibtisch springen, an dem ich arbeite. Leider passt mir das gar nicht. Ganz sanft vertreibe ich die beiden Spielenden. Doch mit dem Starrsinn eines verwöhnten Kindes kommt Minette zwei-, dreimal zurück. Ich gebe nach – doch zu spät! Es ist ihr bereits egal. Zuerst macht sie einen abgelenkten Eindruck, dann ärgert sie sich über das Herumtollen ihres Sohns, zu dem sie selbst ihn angestiftet hat. Schließlich weigert sie sich kurzum, weiterzuspielen. Mit ihrer erhobenen Pfote möchte sie eindeutig ausdrücken: »Genug! Wenn unser Frauchen nicht möchte, führt es ja doch zu nichts.«

Danach brachte sie Pluton kein einziges Mal mehr zu mir.

Bald darauf schloss uns der Winter ganz und gar ein. Der finstere Dezember fiel unnachgiebig, kahl und gnadenlos über uns herein.

So weit draußen auf dem Land sah ich kaum noch andere Menschen. Meine einzigen Freunde waren meine Bücher und die Arbeit; doch wenn der wolkenverhangene, verschneite Himmel schon zur Mittagszeit vorgab, das Ende eines tristen Tages einzuläuten, ließ ich unwillkürlich die Feder fallen, blickte aus dem Fenster – woran ich dachte, muss ich wohl nicht erwähnen – und betrachtete diesen fahlen, kalten Horizont, vor dem sich die schwermütigen Umrisse unserer schmucklosen Bäume abzeichneten.

An solchen Tagen besorgte meine Reglosigkeit Minette sehr. Wenn ich im Zimmer auf und ab ging, blieb sie seelenruhig am Ofen liegen, meine sachten Schritte auf dem Teppich schienen sie in den Schlaf zu wiegen. Blieb ich zu lang stehen, öffnete sie ihre halb geschlossenen Augen und beobachtete mich. Sie streckte die Vorderbeine aus und zog sie wieder zu sich, als wollte sie fragen: »Soll ich bleiben? Soll ich gehen?« Noch immer schaute sie mich an. Wie ein Magnet zog mein trauriger Blick sie zu mir. Dann erhob sie sich rasch, sprang auf meinen Schoß und fragte mich, da bin ich mir ganz sicher, mit ihrem leicht verzerrten *mrrr*: »Aber was hast du denn?« Mit ihrem kleinen Kopf, der Tag für Tag klüger wurde, strich sie mir immer wieder über die Hände. Ich hatte sie gefaltet, wie ich es auch im Schlaf oft tue. Sie wollte nicht gestreichelt werden, vielmehr versuchte sie, meine Hände voneinander zu lösen. Sie wollte in mir eine Lebhaftigkeit erwecken, wollte mich reden hören, mich lächeln sehen ...

Nichts ist bei Einzelgängern stärker als die Macht der Gewohnheit. Das sollte man nicht vergessen. Zuerst hatte mich ihre stumme Gesellschaft nur ein wenig besänftigt, später sehnte ich mich nach Minette, ohne es recht zu merken, und wollte sie an meiner Seite haben. Ging sie in den Garten, spürte ich meine Einsamkeit umso heftiger.

Wenn sie fort war, fühlte es sich fast so an, als wäre ein Mensch weniger im Haus. Ohne sie hatte ich keinen Grund mehr, aufzustehen und ihr die Tür zu öffnen, ihr hinterherzugehen und ihren kleinen Forderungen nachzukommen. Mein regloses Leben und meine traurigen Gedankengänge nahmen wieder ihren Lauf. Nach einer Stunde öffnete ich unwillkürlich das Fenster und rief sie herbei.

Doch ich hing zu sehr an ihr und wurde dafür bald bestraft. Eines Tages, als sie mir noch weitaus liebevoller und hellsichtiger als sonst schien, entfuhren mir folgende Worte, die ich besser für mich behalten hätte: »Minette, dein Sohn und deine Tochter sind bereits tot. Wenn auch du sterben würdest, was soll dann aus mir werden, wenn dein Herrchen nicht im Haus ist?« Es war, als hätte ich damit ein Urteil gefällt. An diesem Abend besuchten uns trauernde Freunde. Ganz von ihnen eingenommen, bemerkte ich nicht, dass in unserer Runde jemand fehlte. Minette hatte sich die unbezwingbare

Versuchung bewahrt, in manchen Nächten draußen umherzustreifen. Es war ein schöner, ruhiger Abend. Ohne mir Sorgen zu machen, ging ich zu Bett.

Doch als ich sie am nächsten Morgen nicht fand, zog sich mein Herz jäh zusammen. Meinem Mann, der meine Aufregung bemerkte und mich fragend anblickte, antwortete ich unversehens: »Minette ist tot.«

Und ich sollte recht behalten: Sie hatte ihr Leben gelassen. In den frühen Stunden der Nacht war sie in eine Falle getappt; im Morgengrauen hatte jemand sie tief hinab in den Brunnen geworfen. Von oben hatte der barbarische Gärtner dabei zugesehen, wie sie um sich schlug und schließlich ertrank. Dann hatte er sich an die Arbeit begeben.

Was für eine schreckliche, angsterfüllte Nacht für ein solch empfindsames Wesen, was für ein furchtbarer Tod! An wen dachte sie wohl während dieser langen Stunden in ihrem engen Gefängnis? Sie rief nach mir, da bin ich mir sicher, und dachte, ich sei diejenige, die sich bei Sonnenaufgang näherte, gekommen, um sie zu befreien.

Welches Entsetzen sie wohl verspürte, als sie nicht das Gesicht des geliebten Frauchens, sondern die derbe Fratze eines Mannes sah, sein hämisches Lachen hörte, seine Freude darüber, dass sie ihm ins Netz geraten war! Was für eine unvorstellbare Beklemmung, bei lebendigem Leib im Wasser zu versinken, in dieser grauenerregenden, finsteren Kälte!

XI
Porträt von Pluton

Von seinem Aussehen konnten Sie sich bereits durch das allzu unvollkommene Porträt am Anfang dieses Buches einen Eindruck verschaffen.* Damals steckte die Daguerreotypie noch in den Kinderschuhen, und die Sonne weiß eine getreue Abbildung zu verfälschen! Man erkennt einen Teil seines Gesichts, die hohe, fast vornehme Stirn, im Einklang mit seinen einzigartig hellen Augen, über die zuweilen ein Schatten zog, wie auf dem Meer, dessen Farbe sie hatten.

Aber nichts von der Schönheit seines Körpers, seines reichen, mattschwarzen Fellkleids mit dem, wie ich bereits schrieb, flüchtigen roten Funkenspiel, das ihm warme Akzente verlieh, wie feine Elektrizität. Nichts von seiner zotteligen Löwenmähne, nichts von seinen hübschen, schlanken Flanken, seinem beschwingten Gang, seinem prächtigen, hin- und herpendelnden Schwanz, der seinen Bewegungen folgte wie eine lange Schleppe.

Nichts davon ist zu sehen, ebenso wenig wie sein Temperament. Wie bei einem Objekt, das man aus zu großer Nähe betrachtet, wirkt alles an ihm viel schwerfälliger.

---

* Anm. d. Ü.: Das hier erwähnte Foto von Pluton ist leider nicht überliefert.

Seine Beine und seine Pfoten, in natura so wohlgeformt, wirken darauf so wuchtig wie die eines Bären. Das Bild ist also nur eine vage Erinnerung an Pluton.

XII
Plutons Umzug

Die größte Herausforderung im Leben einer Hauskatze ist der Umzug. Und die große Frage des Menschen, diesem Beschützer und egoistischen Freund der Katze, lautet: »Hängt sie an mir oder eher am Haus?«

Ja, diese Frage mag ein wenig eitel sein! Denn in einem Haus befindet sich meist eine Ansammlung von Dingen, die auf die Gewohnheiten eines Menschen schließen lassen und etwas über ihn preisgeben. Sogar eine menschliche Familie hängt stärker, als man glauben mag, an den Objekten, die man gemeinsam geliebt, an der Nutzung eines Möbelstücks, dessen Behaglichkeit man gemeinsam genossen hat.

Ein Nest, in dem die Familie lange zusammengelebt hat, ist nicht nur für die Pflege eines gemeinsamen Geistes, sondern auch für dessen Entwicklung etwas so Wunderbares, dass einige Nationen, um die Identität dieses Nests sicherzustellen, Überlegungen zu Gleichheit und Gerechtigkeit außer Acht gelassen haben – Überlegungen, die in Frankreich dazu geführt haben, dass man im

Falle einer Erbschaft auf gleichmäßige Aufteilung des Erbes besteht, und das hat schon so manch eine Familie erschüttert.

Im Wesentlichen teilt die Katze diese konservativen Gewohnheiten. Sie allerdings hängt weniger an den Wänden des Hauses als an einer gewissen Gesamtheit an Dingen und Möbeln, die, mehr als das Haus selbst, Spuren des Menschen an sich tragen: Möbel, die er oft genutzt und gebraucht hat, werden zum Sinnbild des Menschen. Unter diesem Gesichtspunkt ist der Katze unser heutiges Leben mit seiner Bewegungsfreiheit, seiner Veränderlichkeit und unseren unbeständigen Vorlieben, die uns nicht mehr an einen Ort binden, in höchstem Maße zuwider.

Wo ist in Europa, in Frankreich, überall auf der Welt bloß die Stabilität geblieben? Zwei Jahre nur hatten wir in unserem bescheidenen Haus gelebt, in dieser Abgeschiedenheit, die ich beschrieben habe, und kaum hatten wir mit unseren Gewohnheiten, Blumen und Haustieren Besitz davon ergriffen, da riss der Staatsstreich vom 2. Dezember 1851 alles nieder, unser Leben und auch unsere Arbeit. Der Ruin Frankreichs, der zugleich unseren Ruin bedeutete, machte es uns unmöglich, nach Paris zu ziehen.

Alles wurde zerstreut, Bücher, Möbel. Kaum hatte ich den Anker geworfen, folgte ein zweiter Schiffbruch.

»Aber Pluton«, sagten wir, »was machen wir mit Pluton? Ob er uns bei einem solchen Umzug wohl begleiten will?« Würde ihn eine solche Revolution, ein so umfassender Wandel nicht um den Verstand bringen, ihn verrückt machen, ihm jede Orientierung nehmen?

Während dieses Zwischenaktes versetzte ihn so manches Unglück in Angst.

In dem Haus, in dem wir ihn während des Umzugs unterbrachten, traf er auf eine grimmige Katze. Katzen – gerade die Weibchen! – mögen es nicht, wenn eine andere in ihren Lebensraum eindringt. Scheinbar ruhige Katzen schlagen häufig Kater, andersherum lässt sich das weit seltener beobachten. Offenbar sollte man sich mit den Damen nicht anlegen.

Pluton zerbricht ein Fenster und flüchtet. Er lässt sich wieder aufnehmen, weil Menschen ihm weniger Angst einjagen. Doch er findet keinen Frieden mehr. Seine vorübergehenden Besitzer schreiben mir. Bei unserem Wiedersehen wirkt er zugleich verstört und trübselig. In den Augen einer Katze lässt sich solch ein Ausdruck von Grauen und Entsetzen vermutlich am besten erkennen; ihre Klarheit unterstreicht es noch, wenn die Pupillen sich weiten.

Es rührte mich sehr, dass er mich nach diesem Zwischenfall wiedererkannte, zunächst an meiner Stimme. Er schien ins Nichts zu blicken. Sein herzliches, sanftes und durchdringendes Schnurren sagte mir eindeutig: »Du bist wieder da, was für eine Erleichterung!«

Fügsam und artig reiste er mit uns nach Nantes. Zuerst kamen wir in einem Hotel unter, wo er das geschäftige Treiben und das Gewirr vieler fremder Stimmen dank der Fürsorge seines Frauchens gut überstand.

Entschlossen und beharrlich konnten wir unseren Haushalt jedoch wieder aufbauen, der wie ein kleines Boot in dieser Abgeschiedenheit umhertrieb. Der Engel der Güte, um es mit mittelalterlichen Worten zu sagen, und das Genie der Einsamkeit hatten uns sicher dabei geholfen. Und, auch das muss gesagt sein, die bescheidenen, kleinen Leute erfüllten die Nachbarschaft mit Heiterkeit, mit unschuldiger Lebhaftigkeit, auch wenn unseresgleichen hier nicht lebte. Ein Landhaus hat ohne Haustiere keinen Bestand.

Als wir uns schließlich eingerichtet hatten, kletterte Pluton auf den Mauern herum und betrachtete den Horizont, doch in diesem ersten Moment wollte er nicht, dass ich ihn aus den Augen ließ.

Danach läuft er durchs Haus, um sicherzugehen, dass es kein Unheil birgt; bloß nicht leichtsinnig sein, alles gut auskundschaften, damit er sich nicht unwissentlich in Gefahr stürzt.

Aber die Liebe, dieser Tyrann der Menschen und der Götter, wie es ein Dichter einst ausdrückte, sollte Pluton zu erneuten Abenteuern inspirieren. Er war der Held eines Romans. Dreimal entkam er dem Tod, bevor er schließlich starb. Ob er bei seinen nächtlichen Irrwanderungen all seine Entscheidungen mit klarem Kopf traf?

Mit heiklen Fragen nach gesellschaftlichem Stand, Klasse oder Fellfarbe schien er sich überhaupt nicht aufzuhalten; er buhlte gleichermaßen um die Gunst der schönen Aristokratinnen, der Religiösen und des einfachen Volks. Zuweilen lebte das Objekt seiner Begierde am anderen Ende des Dorfs. Auch um den Beruf seiner Schönen scherte er sich nicht: Mit seinen hübschen Augen wollte er jede betrachten!

Doch er hatte auch Neider. Oder aber ein Besitzer der Schönen, ein fantasieloser Fleischer, begriff nicht recht, wieso Pluton regelmäßig zu Besuch kam und schwer atmete. Vielleicht glaubte er, ganz Bretone, dass der schwarze Kater seine Würstchen unter dem Vorwand der Liebe mit einem bösen Fluch belegte. Kurzum: Er stellte dem armen Don Juan riesige Fallen, die mühelos einen Wolf hätten fassen können.

Einmal wurde Pluton vergiftet, und ich musste einen ganzen Tag lang nach ihm suchen. Ein anderes Mal verfing er sich in einer Schlinge, die ihn halb erdrosselte. Davon erholte er sich erst nach langer Zeit.

Eines Morgens hörte ich, wie Ketten klirrend gegen die Tür schlugen. Pluton war in eine Wolfsfalle getappt, die er nun an seiner Pfote mit sich zog. Er hatte ein schlimmeres Schicksal als einst Leander: Er musste nicht bloß den Hellespont überqueren, sondern über eine zehn

Fuß hohe Mauer springen. Als Zeichen der Reue blickte er wehleidig und kläglich drein und ließ sich die Pfote unter Schmerzen verbinden. Da dachten wir, er wolle wenigstens jetzt bei uns bleiben, doch abends stahl er sich in der Dunkelheit wieder davon, die Pfote noch immer verbunden und mit einer Kompresse versehen, und humpelte – na, wohin wohl? – zu seinen Geliebten.

Wir durchlebten auch sanftere Stunden, Stunden voller Spiele und Liebkosung.

Die Behauptung, eine Katze lasse sich von ihrem Besitzer stets nur passiv streicheln, ist ein Irrtum. Wenn sie wirklich gestreichelt werden will, drückt sie dieses Verlangen aus, indem sie sich fast schon mit einer gewissen Gewalt gegen seine Hand oder sein Kinn presst, um so den gewünschten Kontakt herzustellen. Wenn sie jedoch etwas anderes möchte, bewegt sie sich auch anders, denn dann ist es eher ein Appell, ein: »Ich bin auch noch da, und ich möchte das jetzt ...«

Wenn Pluton morgens den richtigen Moment verpasste, in mein Bett zu kommen und mich zu wecken, wo wir doch bereits aufgestanden waren, sprang er wie ein verwöhntes Kind auf den schwarzen Tisch, an dem sein Herrchen schrieb und an dem wir gerade Kaffee trinken wollten. Mit einem leichten Stupser seines Kopfes gab er uns zu verstehen, dass er anwesend war. Doch sein Frauchen musste erst Kaffee kochen und ihn dem Herrchen servieren. Die Zubereitung dauerte ihre Zeit. Geduldig schauten wir aus dem Fenster, damit wir nicht zu gierig wirkten. Doch der Duft der heißen Milch versetzte den genießerischen Pluton in Aufregung, und wir drehten uns unwillkürlich um. Ich gab vor, nichts zu bemerken. Da begann er, mit dem Schwanz zu sprechen. In rhythmischen, kurzen Regungen schlug er damit auf den Tisch: »Denkt an mich!« Endlich hatte das Herrchen seinen Kaffee, also sollte es sich nun auch großzügig zeigen. Pluton überquerte den Tisch und stupste mich im Vorbeigehen erneut mit dem Kopf an, diesmal unter dem Kinn. Mein Mann nahm kleine Schlucke und blickte beschäftigt drein, auf ihn konnte Pluton also nicht zählen. Seine Blicke galten der Frau, die ihn niemals vergaß. Er sollte wohl besser wieder zu ihr gehen und sich an ihrer Schulter reiben, das würde sie schon verstehen. Sein zittriges *pffch*, begleitet von einem leichten Wehklagen, galt ebenfalls ihr. Seine zaghaften Annäherungen, seine zugleich ausdrucksvollen und zurückhaltenden Blicke gefielen dem Frauchen viel besser als seine sonst so hitzige, zappelige Ungeduld. Schließlich gab ich nach: »Monsieur, hier Ihre volle Untertasse ...«

Nach dieser ersten Mahlzeit inspizierte Pluton wie ein wahrer Diener die Wohnung. Danach kam er zurück zu mir, sprang auf meinen Schoß, stellte sich aufrecht hin, stützte die Vorderbeine auf meine Schultern und rieb sich mit seinem schönen, starken Kopf, fast ein wenig zu gemächlich, immer wieder an meinem Hals.

XIII
Plutons Tod

Als wir uns letztlich von Nantes verabschieden und wieder alles zurücklassen mussten, um unsere geschwächten, von einer immensen Anstrengung geradezu aufgelösten Nerven zu stärken, fiel uns eine Entscheidung am schwersten: Was sollten wir mit Pluton anstellen, unserem Gefährten in der Einsamkeit, den ich doch unter solchen Mühen dorthin gebracht hatte und der dort so viele tragische Geschehnisse überstanden hatte? Was für eine Qual, ihm schon wieder solch eine ungeheure Reise zumuten zu müssen! Wir wagten es nicht, darüber nachzudenken. Wir glaubten, es sei die beste Lösung, ihn bis zu unserer Rückkehr einem Freund anzuvertrauen. Denn zurückkehren wollten wir. Als wir diesen Ort verließen, an dem wir ein ärmliches, arbeitsames Leben geführt hatten, da begriffen wir erst, wie sehr er uns am Herzen lag.

In Nantes zählten wir unter anderem den zuvorkommenden und geistreichen Schwager von Émile Souvestre zu unseren Freunden. Wir entschieden uns dazu, Pluton in die Obhut seiner äußerst liebenswerten Familie zu geben. Dort, so konnten wir uns sicher sein, würde man sich gut um ihn kümmern, und wir verließen die Stadt, zwar mit einigem Bedauern, doch ohne Sorge. So ließen wir denn alles hinter uns: in Paris unsere Bücher und unsere reizende, wilde Fatmé; in Nantes den lieben und letzten Gast unseres einsamen Haushalts. Wir zogen allein los, nur mein Mann und ich, mit dem Stock in der Hand, wie es die Reisenden einst auszudrücken pflegten.

Unser Freund hatte ein schönes, einladendes Haus, in dem mein Pluton fast schon mütterlich empfangen wurde. Meine einzige Sorge war, dass bereits ein anderes Tier dort lebte, nämlich eine Katzendame, eine souveräne Herrscherin, die obendrein gerade Mutter geworden war. Die Erinnerungen an die Geschehnisse in Neuilly kamen in mir hoch. Kater werden in so einem Fall immer als gefährliche Feinde der Familie angesehen, und die Damen sind unerbittlich und unbarmherzig. Bald schon hatte sie den Neuankömmling vertrieben. Um ihn von dieser Hermione fernzuhalten, fand man keine andere Lösung, als ihn einige Tage lang in den Keller zu sperren. Man kann sich vorstellen, wie sich ein Tier fühlt, das sonst bei seinem Frauchen lebt und von ihm liebevoll umsorgt und gestreichelt wird, wenn man es dann in diese dunklen Gefilde verbannt und ihm nur mehr harte Steine als Kissen dienen. Dort müssen ihn die gleichen Ängste befallen haben wie schon bei unserer ersten Trennung.

Am Morgen unserer Abreise wollte ich ihn wiedersehen, mich verabschieden, ihm den Eindruck vermitteln, ich würde noch ganz in der Nähe seines tristen Gefängnisses leben.

Bei seinem Anblick zog sich mein Herz zusammen, so niedergeschlagen und gelähmt wirkte er. Sein Leben in der Dunkelheit hatte scheinbar ein Schreckgespenst aus ihm gemacht.

Er starrte geradeaus, schaute, ohne zu sehen.

Ich blickte auf die Uhr: Eine knappe halbe Stunde konnten wir miteinander verbringen. Ich schloss den trostlosen Gefangenen in die Arme, er gab sich mir hin, und ich trug ihn einen Moment lang ans Tageslicht. Ich wollte mit ihm umhergehen, ihm das Haus ein wenig zeigen – das ist für eine Katze nach einem Umzug das Wichtigste. Mit der Sorgfalt einer jungen Mutter hielt ich ihn fest; sollten wir der Dame des Hauses begegnen, so hoffte ich, dass ich ihn beschützen, unter meinem Mantel verbergen könnte.

Doch schneller als der Blitz sprang sie auf mich zu, völlig wutentbrannt ... Ich weiß nicht einmal, was mit Pluton passiert ist, sie hatte ihn mir geradezu entrissen! Pfeilschnell rannte er, nein, flog er geradewegs in den Garten.

Einige große Pappeln scheinen ihm als Zufluchtsort zu dienen, doch dort oben fühlt er sich verfolgt und klettert wieder herab. Ein Teich versperrt ihm den Weg, da stürzt er sich geschwind hinein und schwimmt zur anderen Seite. Dort überragt ihn eine hohe Mauer, und mit überraschender Beweglichkeit und unglaublichem Schwung erklimmt er sie, was die Dame jedoch nicht wagt. Stattdessen bleibt sie unten und hält ihn fest im Blick. Und was, bei Gott, entdeckt er wohl auf der anderen Seite? Zwei riesige Doggen, die man mit der Bewachung eines prachtvollen Gartens beauftragt hat. Von allen Seiten droht Gefahr!

Verstört blickt er in die Ferne, in die Leere, die ihn umgibt; ein dumpfer, rauer, ausgedehnter Schrei entfährt ihm, ein Schrei finsterer Verzweiflung.

Wer jagt ihm mehr Angst ein? Diese beiden Monster, die ihn vielleicht bereits erspäht haben und nun auf ihn lauern, oder die grausame Dame, die ihn grimmig beäugt?

Bei den Hunden wähnt er sich eher in Sicherheit und springt flugs auf die andere Seite. Doch unten angekommen, lähmt ihn seine eigene Kühnheit. Völlig regungslos harrt er hinter einem Baum aus.

Wir mussten uns auf den Weg machen, die Zeit war gekommen, schon längst überschritten, wir mussten uns beeilen. Man versicherte mir, man werde hier auf ihn aufpassen.

»Ja, wirklich, das versprecht ihr mir? ...« Die Kutschentür wurde mir bereits geöffnet. »Doch, doch, ein wenig Zeit habe ich noch ... Kutscher, dann müssen Sie eben gleich etwas schneller fahren. Zuerst muss ich wissen, ob mein Kater wohlauf ist!« Ich läute und laufe los: Ich finde meinen Pluton, er zittert und ist völlig außer sich. Aus Furcht vor den Doggen wickle ich ihn sorgfältig in meinen Mantel und trage ihn, wenngleich es mich schmerzt, zurück in den Keller.

Lang überlebt hat er nicht ... Trotz aller Zuneigung und Sorgfalt seiner lieben Gastgeber lief er, sei es durch einen erneuten Schreck, sei es aus Neugier, noch einmal in den verhängnisvollen Garten. Die Gärtner, unerbittlicher noch als die Doggen, erschossen ihn auf der Stelle.

Welch ehrenwerter Tod! Dieser vierte Tod sollte sein letzter gewesen sein. Schon einige Male war er sozusagen beinahe gestorben, er hatte gewissermaßen mit einem Bein im Grab gelebt. Erst vergiftet, dann erdrosselt, dann verstümmelt, und schließlich musste er endgültig auf tragische Weise dahinscheiden, er starb einen Heldentod.

Dieses Wort erschien uns nicht recht passend. Jedoch hatte er nun ein gewisses Renommee. Lange galt er in Nantes als Legende. In beiden Stadtteilen (Barbin und Les Folies-Chaillot) hat er eine große, wunderbare Nachkommenschaft gezeugt. Wenn wir in der Stadt eine Katze mit langem, schwarzem Fell sahen, die würdevoll umherflanierte, sagten wir beide: »Das ist er, das ist Pluton.«

Die Ägypterin Coqueluche

Coqueluche hat ein prächtiges Fell: Auf ihrem glänzenden Mantel, schwarz wie Ebenholz, heben sich kleine, feurige Stellen von rötlich-blonder Hitze ab; ihr Fell ist weiß, von bewundernswerter Reinheit, ebenso wie ihre Beine, abgesehen von einem rotgoldenen Fleck auf einer Pfote. Ihr rosa Mund ist ebenfalls umgeben von Weiß, ihre Schnurrhaare sind lang. Dieser Mund verleiht ihr etwas Junges, Unschuldiges. Doch darüber umrahmen zwei Flecken, der eine schwarz, der andere feurig-rot, ihre Augen und verleihen ihnen einen einzigartigen Ausdruck, als hätte sie zwei Gesichter, das eine lodernd heiß und hell erleuchtet, das andere finster und wild.

Coqueluche entstammt einer edlen Rasse: Mit ihren langen Beinen und den großen, aufgestellten Ohren sieht sie genauso aus wie eine Katze aus dem alten Ägypten. Sie bewegt sich nicht viel und ist nicht sehr anhänglich; am Leben ihrer Besitzer scheint sie nicht teilzuhaben, und doch bleibt sie bei ihnen. Wenngleich sie am liebsten regungslos dasitzt, packt sie zuweilen jäh eine innere Unruhe, dann läuft sie umher, aber ganz für sich allein. Ohne erkennbaren Grund hat sie Angst, kämpft gegen einen unsichtbaren Feind. Sie sieht Dinge, und ihr Geist steckt offenbar voller düsterer Erinnerungen.

Abends legt sie sich hinten im Salon auf die Sofakissen und kommt im matten Licht, das unter dem Lampenschirm hervorscheint, zur Ruhe. Man könnte meinen, dass sie schläft, aber nein! Im Halbdunkel entdecke ich die großen, gelben Augen, aus denen heraus sie mich anstarrt. Kreuzen sich dabei unsere Blicke, passiert manchmal etwas Unerwartetes. Schlagartig erhebt sie sich von ihrem Kissen, springt auf meinen Schoß, rollt sich zusammen, ist dabei aber fast schon wild, ihr fehlt die ungezwungene Anmut, die Katzen sonst haben, wenn sie sich wohlfühlen.

Und doch rührt mich ihr Vertrauen. Ich bemühe mich für sie um eine gemütliche Position, bewege mich langsamer, damit nichts an mir sie in Unruhe versetzt. Ob sie dann wohl einschläft? Ich habe die Rechnung ohne ihre Träume gemacht. Mit einem Mal erhebt sie sich, schaut sich um, blickt mich mit ihren kalt leuchtenden Augen eindringlich an. Ich missfalle ihr, sie faucht mich an und kehrt zu ihren Kissen zurück.

Ich kann nicht beurteilen, ob ihr eigenartiges Verhalten auf ihr Wesen oder ihren derzeitigen Zustand zurückzuführen ist, denn sie wird bald Junge gebären.

In den Tagen vor der Geburt ist sie ganz aufgeregt und richtet ihre Höhle in unserer Nähe ein. Doch da sie am Abend weggetragen wird, kommen ihre Jungen auf dem Dachboden zur Welt; als Geburtsstätte muss ein Korb, als Decke ein trockenes Blatt Papier herhalten.

Am Morgen rennt sie zitternd zum Treppenabsatz und miaut, weil sie uns warnen, uns herbeirufen will. Die Dienstmädchen wollen ihre Jungen anfassen, doch Coqueluche fährt sogleich die Krallen aus.

Ich gehe hinauf und sehe nach ihr. Sie will, dass ich bleibe, läuft mir hinterher.

Um acht Uhr nimmt man ihr eines ihrer Jungen weg, und das entgeht ihr nicht; sie rennt zur Treppe und dann hinauf zu denen, die noch da sind. Bis zwei Uhr am Nachmittag ist sie nicht ganz beisammen.

Ich lasse den Korb herabholen. Zunächst behalten ihn die Dienstmädchen bei sich in ihrem Zimmer. Doch die Mutter nimmt ihre Jungen und trägt sie wieder auf den Dachboden. Danach nehme ich die Kätzchen zu mir. Coqueluche verschwindet einige Zeit in einer Ecke des Korbs und scheint sich zu beruhigen, doch gelegentlich durchfahren sie noch die Zuckungen der Angst und des Schrecks. Noch immer schaut sie die Hände der Dienstmädchen an und schlägt zu, sobald sie auch nur Anstalten machen, ihre Jungen noch einmal zu berühren.

Mir gegenüber ist sie zwar weitaus zutraulicher, zieht sich aber dennoch zurück und nimmt ihr, wie ich es nenne, trübseliges Selbstgespräch wieder auf. Es klingt, als knurrte eine Löwin, die den Feind näherkommen hört, sie miaut in allen Höhen und Tiefen.

Schreie von Katern und Hunden oder Stöße gegen ein Möbelstück versetzen sie in Aufregung, wecken in ihr eine dumpfe Wut.

Sie zieht sich zurück und sucht doch meine Gesellschaft, bittet mich miauend, den Korb neben mich zu stellen.

Morgens würde sie am liebsten mit ihren Jungen auf

mein Bett steigen, doch sie wagt es nicht, sie will ihnen nicht wehtun. Damit ich ihrem Wunsch nachkommen kann, springt sie hinauf zu mir und legt sich auf die Seite, sodass sie ihre Jungen säugen kann. Ich hebe die Kleinen aufs Bett, und sie öffnet und schließt vor Zufriedenheit immer wieder die Augen.

Aber die blinden Jungen merken, dass sie nun woanders sind, und schreien bitterlich, obwohl sie doch das Fell ihrer Mutter spüren. Coqueluche, die auf dem Bett bleiben möchte, nimmt alle vorstellbaren Positionen ein, damit ihre Jungen sich wohlfühlen und zufrieden sind. Ihre Stimme klingt sanft, fast wehmütig. Und doch klagen die eigensinnigen Jungen weiter. Ich muss sie wieder auf den Boden setzen, und Coqueluche kommt hinterher, blickt aber völlig verärgert drein. Nachdem sie sie in den Schlaf gewiegt hat, schmiegt sie sich noch einen Moment in meine Arme, schaut dann und wann, ob es ihnen gut geht, und legt sich wieder hin.

Die Jungen öffnen zwar erst eine gute Woche nach ihrer Geburt die Augen, werfen sich aber bereits ab dem sechsten Tag in die liebenswürdigsten Posen. Sie fassen sich an den Kopf, legen ihre Pfötchen zusammen und taumeln der Mutter hinterher. Coqueluche gefällt dieser Anblick. Sie selbst stachelt sie an, beißt sie sanft, erschreckt sie ein wenig. Doch dieses Spiel ist noch zu wild für die Kleinen, und ihr Wehklagen ertönt.

Mein Mann stellt zu diesem Zeitpunkt sein Buch über Ludwig xv. fertig, und ich lese die *Geschichte der Revolution von Saint-Domingue.* Daher bekommen unsere beiden Zöglinge selbstverständlich historische Namen. Die kleine Katze nennen wir *Pompadour* und ihren Bruder *Toussaint Louverture.*

Die beiden könnten unterschiedlicher nicht sein. Pompadour ist unter ihrem weiß-goldenen Fellkleid ganz rosa. Sie ist hübsch, niedlich, anmutig, empfindsam und klagt ständig. Toussaint Louvertures Fell ist gänzlich schwarz, mit einigen kupferfarbenen Funken. Dieses Kupfer hat gräuliche Spuren, wie von Rauch, und verleiht ihm ein etwas teuflisches Aussehen. Er hat einen großen, runden Kopf, miaut wenig und ist ruhig, man könnte meinen, er denke nach.

Nach einer Woche öffnen die Jungen die Augen, sehen aber noch nichts. Doch nach etwa elf Tagen richten sie den Blick auf uns Menschen und versuchen, uns zu erkennen. Mit dem Blick entwickelt sich auch ihr Verstand. Pompadour spielt bereits mit den Pfoten ihrer Mutter. In all ihrer unschuldigen Anmut ist sie wirklich hinreißend, und doch ziehe ich ihr unwillkürlich Toussaint vor, der ganz in sich vertieft ist, kaum jemals schreit, sich fast nicht bewegt.

Coqueluche liebt sie leidenschaftlich, ist aber nur dann wirklich glücklich, wenn wir ihr zusehen. In ihrem Korb reisen sie und die Kätzchen vom Salon ins

Schlafzimmer und wieder zurück, je nach Tageszeit trage ich sie herum.

Zumeist fühlen sie sich von unseren Freunden nicht gestört. Nähern sich diese jedoch den Jungen, nimmt Coqueluche sie rasch unter ihre Fittiche. Sobald sie mich sieht, entspannt sie sich, gibt die Jungen gewissermaßen preis, lässt mich an ihrer Zärtlichkeit teilhaben.

Eines Morgens empfangen wir zwei junge Leute aus Toulon zum Essen, der eine hat dunkelblondes Haar und blaue Augen, der andere braunes Haar und große, dunkle Augen. Wir plaudern. Coqueluche, die auch bei uns ist und durch die Spalten ihres Korbs schaut, wird unruhig, erhebt sich, legt sich wieder hin, spricht mit sich selbst, gibt bedeutungsschwere *pffchs* von sich. Ich streichle sie, will sie beruhigen, doch anscheinend erkennt sie mich nicht mehr wieder. Ganz offensichtlich hat sie etwas gegen den braunhaarigen Mann. Sie hält es nicht mehr aus, springt aus dem Korb und begutachtet ihn von Nahem. Während sie noch immer *pffchs* von sich gibt, sträubt sie allmählich das Fell und setzt zum Sprung an. Eilig bringe ich ihre Jungen fort. Meine Bewegung lenkt Coqueluche ab. Sie folgt mir. Doch sie schenkt ihren Jungen keine Beachtung, sondern beschnuppert die Tür, die ich wieder geschlossen habe, miaut, knurrt, will wieder herein, die Neugier gewinnt die Oberhand über die Vorsicht. Ich öffne die Tür, und sie kommt herein, schaut finster und verärgert drein, streift ihrem

Feind um die Beine. Niemand von uns regt sich, und diese Reglosigkeit beunruhigt sie mehr noch als unsere Bewegungen. Ein zweites Mal setzt sie zum Sprung an. Ich muss mich vor sie stellen und sie schließlich endgültig aus dem Zimmer verbannen.

Nach drei Wochen gehen Pompadour und Toussaint selbst in ihrem Korb ein und aus. Wenn ich morgens Kaffee koche, klettern sie an den Decken hinauf in mein Bett, für sie ein weitläufiges Feld, auf dem sie herumtoben können. Hin und wieder richten sie ihre noch blauen Augen unentschlossen auf mich, sie scheinen durch einen Nebelschleier zu blicken. Coqueluche schaut mich ebenfalls an, mit halb geschlossenen Augen und liebevollem *mrrr.* Keine Spur mehr von den abweisenden Wesen, die sie in den ersten Tagen waren! Pompadour hat bereits all die verschmitzte Anmut ihrer Spezies angenommen, Toussaint den Ernst eines echten Staatsmannes.

Nur mit großer Überwindung kann ich aufstehen, so gern würde ich den dreien weiter bei ihrem kleinen Schauspiel zusehen. Wie viel Zeit ich doch beim Ankleiden verliere, weil ich immer wieder zu ihnen zurückkehre, sie hochhebe, sie trieze! Pompadour schüttelt ihr liebes Köpfchen, als wollte sie damit scherzhaft drohen. Toussaint hebt würdevoll eine Pfote, bäumt sich auf, reckt den Kopf: Ich glaube fast, dass Lord Brougham vor mir steht.

Einige Zeit ist vergangen. Inzwischen geht Coqueluche häufig fort, an die frische Luft, an die Sonne, und das vor allem wegen der Hunde, die zu uns heraufkommen und die Jungen überraschen könnten. Auf der Treppe findet zuweilen ein Kampf statt, und der Lärm hallt unter dem Gewölbe unserer Kirche umso lauter wider, denn wir wohnen im Herzen eines ehemaligen Augustinerklosters. Diese mütterliche Wut steht Coqueluche gut zu Gesicht: Sie plustert sich auf, so sehr sie kann, die feurigen Flecken auf ihrem Fell springen wie Funken hervor. Die Hunde ergreifen die Flucht, doch noch bevor sie wieder unten sind, haben sie sich einige schöne Kratzer eingefangen! Vor lauter Angst und Schmerz jaulen diese Pechvögel jämmerlich auf. Nachdem sie die Schwelle überquert haben, geht Coqueluche erhobenen Hauptes wieder nach oben, besänftigt ihren Zorn, dessen letzte Wallungen man auch später erkennen kann: Ihr stolz aufgebauschter Schwanz zuckt noch eine ganze Weile hin und her.

Um sich zu beruhigen, springt sie danach oft auf meinen Schoß und scheint mit dem Blick, mit einer gewissen Unruhe, die noch in ihr schwelt, mit mir reden zu wollen. »Hast du gesehen, wie ich die vertrieben habe?« Ich weiß nicht, ob ich ihr mit der Zeit nicht wichtiger werde als ihre Jungen, denn offenbar erinnert sie sich nicht mehr an ihr voriges Frauchen, und auch nicht an ihr altes Haus. Nur bei uns fühlt sie sich wirklich wohl.

Doch der Tag der Abreise rückt näher, und nun werfe ich es mir richtiggehend vor, dass ich diese kleine Familie so lieb gewonnen habe.

Stundenlang liege ich halb auf dem Teppich im Salon und schaue den Jungen zu. Sie kennen mich gut, und ihre Mutter zieht sie immer wieder zu mir. Wir spielen gemeinsam Verstecken, oder sie reiten auf mir. Manchmal klettern sie sogar alle drei auf meine Schultern. Toussaint neigt sich nach vorn, haut mir mit einer Pfote auf den Mund, ohne Krallen zwar, aber mit der Kraft eines richtigen kleinen Bären. Das finde ich einfach wunderbar!

In den letzten Momenten versuche ich, nicht mehr so viel an sie zu denken, denn dann packt mich jedes Mal die Lust, sie allesamt mitzunehmen. Coqueluche sieht, wie ich die Koffer packe und wird unruhig. Am liebsten will sie gleichzeitig in ihrer kleinen Welt im Salon und in meinem Zimmer sein. Sie miaut, krallt sich in mein Kleid, und ich gebe nach, packe nicht weiter.

Am Morgen meiner Abreise vergisst das arme Tier seine Jungen voll und ganz. Die Zeit ist gekommen, sie folgt mir überallhin. Schweren Herzens suche ich Toussaint und Pompadour, um sie ein letztes Mal zu küssen. Ich finde sie nicht. Die Zeit drängt, aber ich muss sie doch noch einmal küssen! Schließlich entdecke ich Pompadour unter der Bettdecke, in der sanften Wärme ist sie ganz entspannt. Alle drei hebe ich hoch, drücke sie an mich und gehe dann hinaus. Doch Coqueluche versteht meinen Abschiedsgruß nicht. Ganz aus der Fassung läuft sie mir hinterher, die Treppe hinab, folgt mir über die Place des Palmiers, nähert sich der Pferdekutsche. Ihr Frauchen muss sie hochnehmen und zurückbringen, sie fast mit Gewalt in ihre Schürze zwängen. Ich habe sie nie wieder gesehen.

Ihr voriges Frauchen, zu dem sie eigentlich hätte zurückkehren sollen, war umgezogen und hatte sie den neuen Mietern überlassen. Die arme Coqueluche fand sich nach all diesen ständigen Veränderungen überhaupt nicht mehr zurecht und schien bald niemandem mehr gehören zu wollen, sie zog sich mehr und mehr zurück. Als ich im darauffolgenden Jahr fragte, ob ich sie besuchen könne, antwortete man mir: »Sie ist tot.«

TIGRINE

I
Die erste Begegnung

15. August 1872

Seit gut drei Monaten lebt Tigrine bei uns. Als ich sie gekauft habe, war sie erst knapp einen Monat alt.

Um sechs Uhr abends hören wir ein Miauen auf der Treppe: Ein junger Kater, der vom Hausmeister verfolgt wird, läuft panisch herum und sucht Zuflucht.

»Komm herein«, sagen wir zu ihm, »das Futter steht bereit, und eine Dame wird dich empfangen.« Doch in diesem ersten Moment ist das Futter das Beste, was das ganze Haus zu bieten hat. Vielleicht hat er schon lang nicht mehr gegessen, wer weiß, woher er kommt und seit wie vielen Stunden er hungert?

Beunruhigt kommt Tigrine herbei. Zwei Hunde würden einander nun wie verrückt begrüßen. Doch im Reich der Katzen geht das anders vonstatten. Die erste Begegnung scheint stets feindlicher Natur zu sein. Alle Rassen, ob wild oder domestiziert, spüren es, wenn sie ihr

Zuhause teilen müssen, und der Neuankömmling gilt stets als Thronräuber.

Die Katze geht also nicht auf den Kater zu, heißt ihn nicht willkommen. Tigrines Anklage erklingt klar und deutlich: »Was willst du hier? Bisher hat mir alles gehört, ich war die unangefochtene Hausherrin ...« Doch einem hungrigen Magen ist schlecht predigen: Vergeblich zieht ein Donnergrollen in Tigrine auf, wechselt von dumpfen, fernen Geräuschen zu hohen, pfeifenden Tönen. Ein aggressiver Tonfall, der unmissverständlich sagt: »Komm du mir zu nahe ...!« Aber das fiele ihm im Traum nicht ein, liebe Tigrine. Ach, nur die Ruhe, und ja die Würde nicht verlieren.

Ich muss schon zugeben, dass der Neuankömmling recht unfein und nicht besonders wohlgeformt ist: Er hat sehr lange Beine und schmutzig graues Fell. Außerdem blickt er allzu gutmütig drein. Daneben ist Tigrine ein graziles Juwel: Auf ihren noch ein wenig unregelmäßigen Zügen zeichnet sich Klugheit ab, die sicher auf ihre Erziehung zurückzuführen ist, aber auch auf ihre Rasse. Katzen haben stets ein ausdrucksstärkeres Gesicht als Kater. Eine Ausnahme ist mir kaum jemals untergekommen.

Die brave, unschuldige Tigrine, die ihre eigene Spezies bisher nur aus dem Spiegel kennt, ist fasziniert. Zwar ist der Eindringling, der nun ihr Heim mit ihr teilt, eine unangenehme Überraschung, doch sie fühlt sich auch gebieterisch, das ist sehr gut zu erkennen: Sie wird entweder bald vor ihm fliehen oder ihn vielleicht begehren. Unter ihrer Unschuld lässt sich der Scharfsinn erahnen. Er hingegen lässt sich von ihrem hochnäsigen Gebaren offenbar wenig beeindrucken, er spielt sich nicht auf. Sobald er gesättigt ist, wird er umgänglicher. Aber Tigrine nimmt sich in Acht, sowohl was ihre Haltung als auch was ihre Stimme angeht. Das Donnergrollen verzieht sich nicht.

Grison hat einiges durchgemacht, er ist müde, ein schöner Teppich bietet sich ihm an, oder etwas weiter weg die Sofakissen. Zuerst möchte er schlafen und sich ein wenig erholen. Allerdings fühlt er sich beobachtet, noch immer faucht Tigrine ihn vorwurfsvoll an, und er hält es für das Sicherste, wach zu bleiben und den äußerst schrillen Worten der jungen Dame sogar etwas entgegenzusetzen. Er versucht, die Stimme auch zu heben, doch er meint es nicht ernst, er tut es nur der Form halber.

Ich nehme Tigrine auf den Schoß, wie eine Mutter, die sich sorgt angesichts der ersten zornigen Regungen ihrer Tochter. Ich möchte sie in die Arme schließen, sie beruhigen, ihr sagen, dass dies ihr Zuhause ist, dass nur sie hier geliebt wird, dass der Neuankömmling bald wieder fortgeht, doch sie scheint mich fast nicht mehr zu hören. Sie ist völlig durcheinander. Ihre Blicke gelten nicht mehr mir, sie schaut anderswohin. Was ist bloß los?

Der Abend neigt sich dem Ende zu, Frieden schließen die beiden jedoch nicht. Grison, den die Anwesenheit der Hausherren beschwichtigt, überkommt Gelassenheit. Er wartet, bis Mademoiselle Tigrine sich beruhigt hat und fällt in der Behaglichkeit zweier Sofakissen in einen tiefen Schlaf.

Davon ist Tigrine ganz überrascht. Sie steht auf, läuft hin und her, streift wie gewohnt auf samtenen Pfoten um ihn herum; noch immer murrt sie, aber schon dumpfer. Sie ist nicht mehr kampfeslustig, das sieht man ihr an, sie denkt an etwas anderes.

Ich locke sie wieder zu mir, damit ich sie diesem Kater, der ihr so schrecklich vorkommt, nach und nach annähern kann. Plötzlich jedoch ist sie aufgebracht und gereizt. Ich habe den Eindruck, dass meine Berührungen in ihrem Körper ungeheures Leid auslösen. Obwohl ich sie zuvor so verwöhnt habe, so nachsichtig mit ihr war, sie so glücklich gemacht habe, liebt sie mich nicht mehr, ich bin ihr zuwider. Sie gibt wehleidige Schreie von sich.

Und doch bleibt sie bei mir. Ist es seinetwegen? Behutsam setze ich sie neben Grison auf den Boden, der nun eigentlich aufwachen und sich ihrer Anwesenheit bewusst werden sollte. Aber er schläft weiter.

»Tigrine, siehst du, wie lieb und sanft er ist? Er wird deinen Zorn nicht erwidern, er will dir nichts Böses.«

Spräche Tigrine, die weiterhin *pffchs* von sich gibt, meine Sprache, würde sie mir sagen, das sei gar nicht ihre Sorge, sie sei eben gekränkt, mehr nicht. Wenn ich mich von den beiden entfernen und sie allein mit ihm lassen will, springt sie jäh zurück. Sie faucht mir ins Gesicht. Tigrine, ach, Tigrine! Wie rasch du dich doch verändert hast!

Es schlägt zehn Uhr. Das kleine Blumenzimmer überlasse ich Monsieur Grison, meinen Schatz Tigrine nehme ich mit, damit sie an meinen Füßen die Nacht in Frieden verbringen kann. Doch zu unserem üblichen reizenden abendlichen Beisammensein kommt es nicht, auch nicht zu einem sanften Schnurren in meinen Armen, das langsam schwächer und leiser wird und schließlich ganz verstummt, wenn sich der Schlaf über sie legt. Unruhig läuft sie umher, springt aufs Bett und wieder hinunter, sucht den Kater, den sie nicht mehr sieht, achtet gar nicht auf meine Rufe. Erst sehr spät schlafen wir ein.

Am nächsten Morgen scheint es jedoch, als hätte die wohltuende Nacht ihr Gemüt besänftigt. Als Tigrine aufwacht, berührt sie wie üblich sanft meine geschlossenen Augen mit ihren samtenen Pfoten, ihren kleinen Feenhänden, die mich nur flüchtig streifen, die ich kaum spüre. Sie will, dass ich auch aufwache, ihr Guten Tag sage, sie ein wenig an mich schmiege, wie ich es abends in der milden Wärme stets tue.

Als wir Grisons Zimmer betreten und sie ihn gemütlich auf der Daunendecke liegen sieht, auf der sie sonst ihr Nachmittagsschläfchen hält, wird jedoch deutlich, dass sie ihn nur vergessen hat: Sie schreckt zusammen, sträubt das Fell, gibt wieder kampfeslustige Laute von sich. Monsieur Grison, in seinem tiefen Wohlbefinden, streckt die Vorderbeine nach ihr aus. Er scheint ihr zu sagen: »Nun komm doch her! Hier ist es schön ...« Gelenkig wie ein Panther kriecht Tigrine unters Bett und kommt dann ganz langsam, auf leisen Pfoten, wieder hervor. Er hat davon gar nichts mitbekommen, er vergisst sich in seiner Trägheit. Sie beobachtet ihn mit ihren leuchtenden, stechend gelben Augen.

Dann erblickt er sie. Was für eine angenehme Überraschung! Er will sie berühren, hat gar keine Angst vor diesen erzürnten Blicken. Sie jedoch ergreift entrüstet die Flucht. Er ist erstaunt und versteht die Welt nicht mehr. Allenfalls hält er sie vielleicht für ein wenig sonderbar.

Ich habe anderswo zu tun, also lasse ich die beiden allein und vertraue auf die gute Natur, auf dass sie sich bald versöhnen. Eine Stunde später sehe ich sie miteinander Verstecken spielen. Soll denn schon Frieden eingekehrt sein? Und das so bald? Aber nein! Noch kann davon keine Rede sein. In diesem kindlichen Herumtollen, auf das später ein grausameres Spiel folgen soll, äußern sich so einige Feindseligkeiten. Grison hat aufgrund seiner Natur, seiner Abstammung oder seines Mangels an Erziehung einen gewissen Übermut, der Tigrine missfällt. Sie verlangt von ihm Zurückhaltung und größere Vorsicht. Ihre weibliche Geziertheit äußert sich in allen Nuancen. Vergisst Grison, was er ihr schuldig ist, ruft sie ihn schroff zur Ordnung. Nach diesem präzisen Schlag zieht sich Tigrine langsam und würdevoll ans andere Ende des Zimmers zurück, wie ein Mensch, den man beleidigt hat. Grison bleibt regungslos stehen – entweder aus Reue oder weil er eine scharfe Kralle zu spüren bekommen hat –, zieht die Beine an, senkt den Kopf, schließt die Augen halb und scheint über etwas nachzusinnen. »Welch ein Rätsel!«, sagt sich dieser Heranwachsende, der noch keine Erfahrung mit dem Leben und mit den Widersprüchen eines Katzenherzens hat.

Tigrine beobachtet ihn mit weit geöffneten Augen, mit ihrem klaren, geheimnisvollen Blick, den nur ihre Spezies beherrscht. Innerhalb weniger Minuten sehe ich, wie sich ihre Augenfarbe verändert, von kaltem Grün zu blassem Gelb, von wärmeren Bernsteintönen zu einem helleren Glänzen. Wer Katzen gut kennt, weiß genau, was das bedeutet: In ihr tobt ein Kampf zwischen Unruhe und Versuchung ... Letztere wird ihn gewinnen, sich gegen die Zurückhaltung dieser Dame aus gutem Hause durchsetzen, das erkenne ich allzu deutlich an dem gelben Glühen, das ihre Augen immer wieder aufleuchten lässt.

Wie ein Geist löst sie sich von ihrem Platz, und wie schon am Morgen, als sie still und unsichtbar unter die Möbel kroch, kommt sie ihm näher, taucht neben ihm auf. Ich muss etwas gestehen: Wenngleich Grison weit weniger vornehm ist als sie, so ist er im Vergleich doch ein äußerst gutmütiges Wesen. Wie herzlich er sie empfängt! Wie warm und weich doch seine *mrrrs* klingen, mit denen er sie begrüßt! Man hört ihn fast sagen: »Vergib mir, ich werde mich bessern ...«

Dieses ruhige, angenehme Beisammensein scheint in seinem Sinne zu sein. Er bewegt sich nur sehr träge. Tigrine ist lebhafter und ungestümer, sie will, dass er sich wieder regt. Sie bemüht sich, ihn ein wenig zu ärgern, doch diesmal wohlwollender. Die Berührung ihrer anmutigen, zarten Pfote muss er wohl als unbeschreibliche Liebkosung empfinden. Er genießt sie so sehr, dass er darüber jede Lust verliert, sich zu bewegen. Stattdessen gibt er weiterhin *mrrrs* von sich und schaut sie an. »Nein, das reicht mir nicht«, scheint die immer redegewandtere Pfote bald zu sagen, »ich will mit dir spielen.« Doch noch wehrt er sich. Also beißt Tigrine ihn, nur ganz leicht natürlich! Endlich lässt er sich dazu antreiben, schwungvoll weiter mit ihr zu spielen. Schon bald verliert Grison wieder den Kopf und greift Tigrine richtiggehend an. Seine Körperhaltung gibt ihr zu verstehen, dass sie es darauf angelegt hat. Erneut muss sie ihn zur Ordnung rufen, doch diesmal versteht er es nicht sofort, sodass sie ihre Geste wiederholen, die Krallen noch weiter ausfahren muss, damit er zur Besinnung kommt.

Doch nun scheinen die beiden sich richtig zerstritten zu haben. Grison kehrt zu seinen Kissen zurück, rollt sich ein und versinkt in der Decke. Zwischen zwei Seufzern (der Lust, der Traurigkeit?) verfällt er in eines dieser Nachmittagsschläfchen, die einige Stunden andauern.

Tigrine, selbst wenn du jetzt zu ihm gehst, ihn liebkost, ihn ärgerst: Darauf reagiert er nicht mehr.

Diesen kleinen Zwischenakt nutze ich, um sie auf den Arm zu nehmen, mit ihr zu sprechen und sie zu ermahnen, wie auch eine gute Mutter es tun würde. Allerdings bin ich ihr lästig, sie sieht keinen Reiz mehr in meiner Gesellschaft, in meinen Worten, auf die sie gestern früh noch wie ein schelmisches Kind reagiert hat, eines, das zwar aufbegehrt, aber nicht auf seine Mutter verzichten will und immer wieder zu ihr kommt. Heute jedoch wirkt sie auf mich wie eines dieser Mädchen, die bereits einen Traum hegen und deren friedliche Mütter nur allzu gern glauben wollen, sie lägen noch in der Wiege. Sie erdulden all die nichtssagenden Worte, die sie zum Lachen bringen oder beschäftigen sollen – aber welche Empörung, welchen Überdruss sie in ihrem Innern darüber empfinden! Wie gern sie doch endlich allein sein wollen! Wie ungeduldig sie sind, wie sehr sie sich nach Ruhe sehnen, nach Stille, damit sie dem leisen, kaum vernehmbaren Geräusch ihres ersten leidenschaftlichen Schauders lauschen können!

Erst am Abend erwacht Grison und kommt wieder richtig zu sich. Er ist gut ausgeruht und fühlt sich viel wohler als gestern, also putzt er sich erst einmal ausgiebig. Das Weiß und das Schiefergrau seines Fells bringen einander gut zur Geltung. Sein Gesicht ist ordentlich, seine Nase schön rosa. Tigrine hat markantes, dunkelbraunes Fell. Die Ironie des Zufalls scheint hier mitzuspielen, denn obwohl sie aus gutem Hause kommt, ist er derjenige, der unschuldiger aussieht.

Entweder ist es ihm zu spät, oder er hat wirklich ein ungeheures Leid ertragen müssen, bevor er bei uns gelandet ist, denn auch diesmal braucht er eine Weile, um in Schwung zu kommen. Sollte sie ihn erneut ärgern, nimmt er das Spiel vielleicht gern wieder auf, das wird sich später zeigen. Nichts ist verletzender als Gleichgültigkeit. Womöglich gibt er nur vor, empfindungslos zu sein, um seine Unruhe zu verbergen, doch auf keinen Fall darf er den Anschein erwecken, sie sei ihm völlig egal! Das kann Tigrine nämlich nicht einfach hinnehmen, allerlei kleine Kunststücke kommen ihr in den Sinn. Sie geht über von einer reglosen, trägen Wehmut zu einer sinnlichen Verführung.

Anmutig legt sie sich auf die Seite und lässt sich mit kaum sichtbaren Stößen auf den Teppich gleiten. Sie reibt ihren hübschen Kopf über den Boden und sträubt sich; mit ihren halb geschlossenen Augen will sie ihn betören. Das reicht aber noch nicht: Grison, der gerade seinen ersten Frühling durchlebt, hat anderswo vielleicht bereits ähnliche Avancen erfahren, und so nimmt Tigrine eine andere Haltung ein. Wie eine gereizte Löwin bäumt sie sich auf. Sie bauscht ihr hübsches braunes Fell auf, das so warmbraun ist wie Schildpatt, es wird voluminöser, stellt sich auf wie eine Mähne. Wie bei einem richtigen Löwen!

All das sieht so anmutig, so charmant aus, und wird mit einer gewissen wilden Leidenschaft ausgeführt ...

Aber es ist wohl noch zu früh. Im Laufe des Tages bemühte ich mich darum, diesem Romeo eine Bleibe herzurichten, der seiner Julia morgen vielleicht so einiges zu sagen haben wird.

II
Die Ursprünge

Wenn Tigrine mir nicht zuhört und mich auch nicht anschaut, während ich mit ihr spreche, fühle ich mich ihr natürlich überlegen, doch dafür schäme ich mich auch ein wenig, denn ihr scheint das völlig zu entgehen. Es ist viel mehr als bloße Geringschätzung: Sie nimmt mich überhaupt nicht wahr. In Wahrheit fühle ich mich neben dieser ernsten, in Gedanken versunkenen Persönlichkeit plötzlich wieder wie ein kleines Mädchen. Ich schäme mich, weil ich mich derart überschätzt habe. Tigrine muss nur über meinen Tisch laufen und weist mich damit bereits in die Schranken.

Tigrine genießt das Alleinsein. Völlige Einsamkeit sagt ihr nicht zu, doch sehr gern zieht sie sich in meiner Anwesenheit in die dunkelsten Ecken des Zimmers zurück, und das nicht immer, um zu schlafen. Die meiste Zeit über stehen ihre Augen weit offen, aber sie schaut finster drein. Welcher Gott ihr feindlich gesinnt ist, lässt sich nicht erahnen.

Alle Spiele aus dem Leben im Wald sind Tigrine bekannt, obwohl sie sie nie erlernt hat: langsames oder verstohlenes Umherstreifen, stilles Lauern im Dickicht, jähes Hervorschnellen und plötzliche Sprünge mit ihrer ganzen Gewichtskraft.

Tigrine hegt eine Leidenschaft für Waldpflanzen, Tannen und Heidekraut. Bei ihrem ersten Besuch auf dem Land verbringt sie den ganzen Tag in den ausgetrockneten Ästen der Tanne, stromert genussvoll über die Wiesen und schert sich keineswegs um die dicken Tautropfen an den Grashalmen.

Gegenüber Wasser empfindet sie keinerlei Abscheu. Betätige ich die Pumpe, kriecht sie aus dem Laub hervor, um im sanften Regen zu baden. Sie schaut in eine Pfütze, erkennt darin ihr Abbild und legt eine Pfote darauf, um dieses vollkommene Wesen zu berühren. Auch die Gartenarbeit interessiert sie in höchstem Maße. Wenn meinen Blumen frische Erde gebe, läuft sie emsig durch die Beete und Pflanzen; sie wirkt auf mich ein wenig wie die Fliege aus La Fontaines Landkutschen-Fabel;* bei jeder meiner Bewegungen wird sie etwas schneller.

---

* Anm. d. Ü.: »La mouche du coche«, die Fliege aus Jean de La Fontaines Fabel »Die Landkutsche und die Fliege«, ist im Französischen ein geflügeltes Wort und bezeichnet jemanden, der nur geschäftig tut, während alle anderen wirklich arbeiten, und der am Ende die Lorbeeren einheimsen will.

Auch Tigrines Appetit auf Wild und dunkles Fleisch verrät viel über ihre Ursprünge, von Fisch hingegen hält sie nichts, denn der war ihren Vorfahren im Wald ja nicht bekannt.

Man könnte meinen, dass Tigrine mit der Zeit ihren Jagdinstinkt verloren und ihr Katzendenken durch unsere menschlichen Vorstellungen ersetzt habe, dass sie in gewissem Maße von unseren Gedanken, von unserem ganz und gar häuslichen Dasein lebe – schließlich führt sie höchstens einmal in der Freiheit der Nacht ein halbwildes Leben, hatte nie ein Beutetier vor Augen und ist noch dazu gut genährt. Doch da täuscht man sich schon beim ersten Blick. Wer genauer hinschaut, wird erkennen, dass sie immer noch dieselbe ist. Der Instinkt schwelt lediglich in ihrem Innern.

Der Abend bricht an. Gemütlich ausgestreckt liegt sie vor einem schönen Feuer, hat sich ein wenig in den schützenden Schatten der anderen Träumerin zurückgezogen, sich voll und ganz fallen lassen. Urplötzlich fährt sie hoch und springt über meinen Kopf. Was ist bloß los? Was hat sie derart aufschrecken lassen?

Ein winziger, zittriger Schatten scheint an der Decke eine abenteuerliche Reise zu erleben, ein Nachtfalter, der während der letzten sonnigen Herbsttage in unser Haus geflogen ist und hier überwintert hat. Die sanfte Wärme unseres Heims gaukelt ihm den Frühling vor, weckt ihn auf, und er versucht, die Flügel auszubreiten. Er ahnt nicht, dass ein anderes Wesen bereits die Augen, die genau wie seine gemacht sind für diese Stunden im Zwielicht, auf ihn gerichtet hat und sich die Lippen leckt. Das unsichere Umherflattern unseres Reisenden hat ihn ermüdet, er ruht sich an der Wand aus, doch weit oben, völlig außer Reichweite – so scheint es ihm zumindest.

Tigrine ist ihm gefolgt und weiß, wo er ist; sie läuft hin und her, gibt ein Maunzen von sich, wie es nur Leidenschaft oder Verlangen auslösen können; sie öffnet den Mund ein wenig, ein leichtes, krampfartiges Zittern durchfährt sie, dann schließt sie den Mund mit einem Klackern ihrer Zähne. Noch immer sprechen nur Begierde und Bedauern aus ihrem angespannten Miauen. Damit richtet sie sich auch an mich: »Ich will ihn so gern erwischen!«

Sie beschließt, es allein zu versuchen, klettert auf meinen Schreibtisch, reckt sich, reckt sich so weit sie kann, streckt die Beine aus, erreicht ihr Ziel, berührt ihr Opfer – doch es entkommt und fliegt fort ... Diese Enttäuschung setzt alles Weitere in Gang. Schon überkommt Tigrine ihre wahre Natur. Voller Ungeduld erwacht die Jägerin. Sie hat ihren Wald wiedergesehen, und alles in ihr erbebt. In ihren plötzlich weit aufgerissenen Augen leuchten die Pupillen. Sie scheint unfähig zu dieser Verfolgung in der Leere, wirkt geradezu erstarrt, aber sie setzt zitternd zum Sprung an. Ihre Flanken ziehen sich zusammen. Über diese Verzögerung ist sie sichtlich erstaunt und verärgert; wild späht sie nach ihrer Beute.

»Nun lass das doch, Tigrine, es ist nur ein armer kleiner Schmetterling mit zwei Flügeln! Er flattert herum und wirbelt etwas Staub auf ...« Doch Leidenschaft macht taub: Tigrine hört mich nicht. Auch nachdem der aufgeschreckte Nachtfalter entflohen ist, jagen ihm zwei glühende Augen dort in der Dunkelheit noch lange nach.

Darauf folgt ein tiefer Schlaf.

Ihr Temperament wird sich allerdings bald beruhigen. Im Alter von sechs Monaten hat eine Katze ihre Kindheit endgültig hinter sich. Tigrine ist noch kein Jahr alt, doch sie träumt bereits und sitzt sinnierend herum. Wäre sie ein Kater, dann wäre sie ernst wie ein Derwisch oder Sultan. Ein Achill der Ruhe. Die Katze jedoch ist ihrem Frauchen zugeneigt, interessiert sich allmählich für sein Leben und verlangt dafür nach seiner Aufmerksamkeit. Ihre Sehnsucht nach Liebkosungen lässt auf ein kränkliches Heranwachsen schließen.

Jenen Menschen, die behaupten, die Katze sei ein egoistisches Tier, das nichts zurückgebe, möchte ich jedes Mal entgegnen: »Haben Sie denn jemals genauer hingesehen?« Unsere Vorurteile und vorgefertigten Ansichten prägen alles, was wir sagen. Wenngleich Frankreich die geistreichste aller Nationen ist, sind seine Landsleute dennoch große Freunde der Tradition. Aus Gewohnheit und Stumpfsinn wiederholen wir alles, was einst unsere Vorväter sagten. Wie sehr mich das doch erzürnt.

Natürlich muss man ein so empfindsames, scheinbar spannungsgeladenes Wesen mit der nötigen Sanftheit behandeln. Doch wer könnte die Freude, die die Katze auslöst, von jener trennen, die sie selbst einfordert? Ist in dieser Welt nicht alles miteinander verwoben?

Wenn eine Mutter ihr Kind in den Armen hält, es an sich schmiegt und umarmt, es mit Küssen übersät – wer von beiden empfindet dann himmlische, unendliche, durchdringende Freude? Das Kind oder die Mutter? Die zittrige Anmut und das feinfühlige, leise Lächeln auf ihren Lippen beantworten diese Frage ganz eindeutig.

Die Katze ist eine Meisterin der Pantomime. Ihre Sprache habe ich immer schon als sehr verständlich empfunden. Will sie wirklich gestreichelt werden, sucht sie den Kontakt zu Ihrer Hand, Ihrem Gesicht, lässt sich von Ihnen wie ein Kind in die Arme nehmen. Aber betrachten wir einmal eine Hofkatze, die an den Beinen ihres Herrchens einen Buckel macht, während dieser mit dem Napf in den Händen in der Tür steht und sein frisch umgegrabenes Feld betrachtet. Meinen Sie, dass sie nun gestreichelt werden will? Es ist Herbst, die Nächte sind bereits kalt, die Morgenstunden neblig, vielleicht hat sie unter freiem Himmel oder in der windgepeitschten Scheune geschlafen. Heiße Suppendüfte betören ihren

Magen, sie will beachtet werden und erklären, dass sie in der Nacht keinen großen Erfolg bei der Jagd hatte. Mit etwas mehr Nachdruck streift sie ihm immer wieder um die Beine und hofft, dass sie endlich gefüttert wird.

Katzen können sprechen, doch man muss ihre Sprache verstehen und sich ihnen wiederum verständlich machen.

Jedes Mal, wenn ich eine meiner Katzen für einen Fehler bestraft habe, hat sie darauf nie anders reagiert als mit wahrhaftiger Traurigkeit. In ihren Blicken lag nie Entsetzen, sondern meist Schmerz. Gestern noch schlug Tigrine über die Stränge – vielleicht lag darin auch ein wenig böser Wille –, und ich erhob die Hand gegen sie, vielleicht zu fest, wer weiß? Nun denn! Sie ergriff nicht die Flucht, wie sie es immer tut, wenn das Dienstmädchen sie züchtigt; sie rührte sich nicht von der Stelle und schaute mich betrübt an, als wollte sie um Gnade bitten. Beim Abendessen zeigte sie nicht wie üblich die Allüren eines verwöhnten Kindes, sondern streckte nur zaghaft eine Pfote aus und zog sie wieder zurück, als ich mich zu ihr drehte und mit Mühe meinen verärgerten Blick aufrechterhielt.

Als ich später am Abend im Bett las, kam sie zu mir und schmiegte sich, was recht selten passiert, in meine Arme, als wollte sie sich endlich mit mir versöhnen. Ihre Augen waren angenehm anzusehen: Sie blickte drein wie eine Freundin, die ich abgewiesen hatte, und die sich mir nun von ganzem Herzen wieder zuwandte. Ich hielt sie bei mir und las weiter, jedoch nicht allzu aufmerksam. Jedes Mal, wenn ich umblätterte, erhob sie sich und drückte mit der unsagbar liebevollen Anmut eines Kindes, das noch von seinen Tränen ergriffen ist, den Kopf an meine Wange.

III
Der Preis der Mutterschaft

Die Natur traut allein den Müttern zu, für die Nachkommen zu sorgen – sogar in den innigsten, liebevollsten Ehen, in denen Mann und Frau zuerst wie Bruder und Schwester miteinander gelebt haben, weil sie sich schon von Kindesbeinen an kannten. Ich denke dabei beispielsweise an das Zusammenleben von Rehen. Die Ricke verlässt ihren Geliebten zuweilen und zieht sich tief in den Wald zurück. Sie fürchtet sich nicht vor ihm, schließlich weiß sie genau, dass sich der Vater ihrer Kitze niemals eifersüchtig oder erbittert gegen sie erheben würde, wie es bei vielen anderen Tierarten durchaus vorkommt. Warum flieht sie dennoch vor ihm? Durch seine bloße Nähe könnte er Feinde anlocken, also zieht sie sich allein zurück. Aber wer kann ihr dann helfen, ihr bei Leid und Schwäche zur Seite stehen? Sie selbst kann es tun – diesen Traum hegt sie, und schon bald wird er zur Wirklichkeit. Sie vergisst sich, sieht nur noch jene, um die sie fürchten, für die sie sorgen muss. Eine rührende, bewundernswerte Selbstlosigkeit – ob sie wohl dazu führt, dass sie und ihre Kitze ausgeliefert sind, wenn sie den Kopf zu sehr verliert? Ist ihr vielleicht jemand ins Dickicht gefolgt? Das Raubtier, das im Gebüsch lauert, beobachtet sie womöglich mit seinen leuchtenden Augen und will sich auf sie stürzen.

In einem solchen Moment der Schwäche beschützt zu werden, würde allen Weibchen sehr behagen. In Ermangelung eines anderen Beistands ist das Alleinsein ihnen Mutter und Freundin, oder zumindest glauben sie das. Es kann das Wehklagen und das erste Wimmern ersticken. Unsere Haustiere, die wir bei uns aufnehmen und schon beim ersten Anzeichen einer Krise liebevoll umsorgen, rücken so nah wie möglich an uns heran und wissen ganz genau, wie sie uns ihre Wünsche zu verstehen geben können.

Nun stößt Tigrine erstmals an ihre Grenzen. Mit ihrer Körpersprache sagt sie so vieles aus. Schon seit einigen Tagen verspürt sie eine dumpfe Unruhe, nirgendwo fühlt sie sich so recht wohl. Wegen ihrer Jungen, die inzwischen sehr viel Platz einnehmen, kann sie sich nicht auf die Seite legen. Ihre gelegentlichen, unerwarteten Regungen rauben Tigrine den Atem, sie keucht.

Gestern Abend (am 12. März), habe ich sie mütterlich zu Bett gebracht, in das Körbchen, das ihr später auch als

Geburtsstätte dienen soll. Ich stellte sie ans Kopfende meines Bettes, denn im Dunklen spürt sie so gern meine Anwesenheit. Doch gegen Mitternacht wollte sie mir näher sein, stieg hinaus und lief im Kreis, bis ich sie in die Arme nahm. Sie hatte keine stechenden Schmerzen, sondern war durchdrungen von der eigenartigen Beunruhigung, die das düstere Herannahen der ersten Wehen in jenen auslöst, die sie noch nicht kennen. Sie schmiegte sich bereits selbstvergessen an mich, suchte Zuflucht in meinen Armen. Als sie in der nächtlichen Dunkelheit meine sanfte Stimme hörte, wehklagte sie. Das zittrige, empfindsame Jammern eines verwöhnten Kindes, ein wenig auch einer leidenden Frau, die einen Moment lang am liebsten wieder Kind wäre.

Sie ist die ganze Nacht bei mir geblieben. Diese unabhängige Persönlichkeit, die mir zuvor nur selten einmal zeigte, wie gern sie mich hat, scheint plötzlich wieder zu verstehen, was ich ihr schon immer bedeutet habe: Zärtlichkeit und Sicherheit.

Ganz bestimmt denkt sie, dass ich sie bei mir behalte, um sie zu beschützen, um ihre Mühsal zu lindern.

Sogar als die Wehen sie bereits überkommen haben, läuft sie mir hinterher und will, dass ich zurück an ihr Körbchen komme und sie nicht mehr alleinlasse.

Und dann wird sie Mutter! Ihr Blick geht regungslos ins Leere. Sie hat sich auf die Seite gelegt, versteift und windet sich, ihr entringt sich ein heiserer Schrei ... Das erste Junge kommt zur Welt ... Wie ein Blitz durchfährt sie die Leidenschaft, die sie voll und ganz einnehmen wird: Zum ersten Mal in ihrem Leben wird sie Mutter. Zitternd und erschöpft hechtet sie auf das Junge zu, ruft nach ihm, schmiegt es an sich. Auch das Junge hat sich Mühe gegeben, seiner Mutter näherzukommen. Es wird von der kalten Luft gepackt, die es außerhalb seines warmen Nests im Mutterleib empfangen hat, es weiß gar nicht sicher, ob es noch lebt. Tigrine leckt es besorgt ab und spendet ihm Wärme. Sie scheint genau zu wissen, dass nur ein kurzer Moment noch zwischen ihr und weiteren Qualen steht ... dass sie sich beeilen muss ...

Schließlich hat sie es geschafft ... Nach einem ganzen Morgen der Pein liegen vier hübsche Kätzchen vor ihr und suchen bereits die Zitzen ihrer Mutter. Und was macht die Frau in einem solchen Fall? Nachdem sie die geliebten Kinder gesehen hat, die ihr solche Schmerzen bereitet haben, schließt sie die Augen, entspannt sich, versucht zu vergessen.

Im Wald geht all das anders vonstatten: Mit der Liebe wird auch die Furcht geboren, und die Natur mildert diese nicht etwa, sondern lässt sie aufflammen; sie will der Mutter Angst einjagen. Eine allzu leichte Übung! Denn nachdem sich plötzlich eine solche Leere in ihr ausgebreitet hat, ist sie geschwächt und wacklig auf den Beinen, und in ihrem armen, verstörten Köpfchen hallt jedes noch so leise Geräusch unheilvoll wider. Bei jeder Bewegung erbebt sie. Morgen ist sie wieder gewappnet für den Kampf, aber heute? Wer nun auf sie lauert, der weiß genau, dass es der richtige Zeitpunkt ist, und streift unablässig um sie herum. Wehe deinen Jungen, wehe dir, arme Mutter, wenn du dich heute Nacht von der Erschöpfung in die Knie zwingen lässt, wenn du auch nur die Augen schließt!

Auch bei Haustieren lässt sich beobachten, dass die größten Ängste jene befallen, die von der Jagd leben und wissen, dass ihre schlimmsten Feinde zu ihrer eigenen Spezies gehören. Wenn der Ehemann einer Katze nicht unter demselben Dach lebt, fürchtet sie ihn, miaut dunkel und sträubt sich, wenn er auftaucht. Sie hasst ihn nicht, nein, schließlich hat sie ihm die frohe Botschaft mehrmals überbracht und an nichts anderes gedacht, aber der Geburtsstätte nähern darf er sich auf keinen Fall, sonst steht ihm die Scheidung ins Haus. Er ist kein Vater, kein Ehemann, sondern nur mehr ein Jäger, der keine Erinnerungen hat und in seinen eigenen Jungen eine Beute wittert.

Bei Coqueluche habe ich das auch beobachtet. Wenn sie in meinem Zimmer schlief, spürte sie, dass er bald kommen würde, oder sie hörte ihn, wenn er still und heimlich die Treppe hinaufschlich. Sie warnte mich mit einem dumpfen Murren und gebot mir so, ebenfalls wachsam zu sein.

Nach ihrer langen Zeit im Haus sieht sie in einem Mann nicht dasselbe wie in einem Kater, aber auch bei ihm spürt sie, dass er ein Entführer sein könnte: Sie wird unruhig, wenn er die Hand ausstreckt oder ihr eines ihrer Jungen wegnimmt. Obwohl die Mutter weiß, wie sehr sie geliebt wird, fürchtet sie in den ersten Tagen um die Jungen. Wenn ein Wurf besonders groß war und Sie ihr auch nur ein Kätzchen wegnehmen, weint sie darum, sucht überall verstört danach, betrachtet Sie eingehend und weiß genau, dass Sie es haben, auch wenn sie nicht mitbekommen hat, wer es entwendet hat. Die Mutter betrachtet Ihre Hände, Ihre Augen, will Sie zur Geburtsstätte führen, damit Sie sehen, dass eines fehlt. Wenn Sie der Katze folgen, hat sie Hoffnung; wenn Sie jedoch so grausam sind und sie allein ihrem Bedauern überlassen, dann erfüllt sie das Haus mit ihren verzweifelten Schreien. Einige Menschen würden diese Trauer wohl als vorübergehend bezeichnen. Und ja, schon bald wird sie zu ihren Jungen zurückkehren, die nach ihr rufen und beruhigt werden wollen. Doch sobald sie versorgt sind, sucht die Mutter weiter. Ihre untröstlichen Rufe schallen so lange durch das Haus, bis sie sich bei ihren anderen Jungen niederlässt und sich in ihrem Herzen das Vergessen ausbreitet.

Bei Müttern, die diese Entführung ihrer Jungen immer wieder erlebt haben, ist diese Furcht ganz natürlich. Tigrine hat dergleichen zwar nicht durchlitten, aber dennoch ist sie in Alarmbereitschaft. Unablässig betrachtet sie unsere Hände, zieht ihre kleine Welt zu sich und hütet sie. Am Anfang habe ich mir einmal den Spaß erlaubt, eines ihrer Jungen zu nehmen und sie wimmern zu hören. Doch angesichts ihrer tiefen Bestürzung unterließ ich das sofort. Da war es ganz gleich, dass sie nur eine Katze ist!

Trotz ihrer Beunruhigung will Tigrine nicht allein bleiben. Sie braucht unsere Gesellschaft. Als Mutter ist sie bereits recht schroff zu ihren Jungen, aber von uns will sie noch immer wie ein Kind behandelt werden. Außerdem habe ich den Eindruck, dass sie ihr Glück unter unseren Blicken ausgiebiger genießen kann. Sobald sie allein ist, wird sie unruhig. Sind wir zu lang fort, nimmt sie eines ihrer Jungen, fast immer dasselbe, das Erstgeborene, und legt es uns zu Füßen. Wenn sie uns nicht findet, springt sie mit ihm auf mein Bett. Das vermittelt ihr sicher die Illusion, sie wäre bei ihrem Frauchen.

Mit der Mutterschaft hat sie das Bedürfnis ergriffen, niemals allein zu sein – und vielleicht stimmt das jene um, die der Meinung sind, eine Katze binde sich allein an das Haus.

Das Fell des Jungen, das Tigrine offenbar am liebsten hat, ist beige. Der Kleine ähnelt weder ihr noch ihrem Gatten. Tigrine, eine wahre Tochter des Waldes, hat getigertes braunes Fell. Sein Vater ist schwarz und weiß. Die drei anderen Jungen kommen eindeutig nach ihm. Aber woher kommt wohl dieses beigefarbene Fell? Die Großeltern leben nicht mehr, also werden wir es nie erfahren.

Tigrine leidet inzwischen an Blutarmut, und das Spiel ihres Lebens läuft langsamer. Keine sprühenden Funken mehr, eher ein Glühen.

Sie ist launisch geworden, denn sie spürt die Regungen der Außenwelt intensiver, den Wind, die Kälte. Heute Morgen habe ich sie in den Arm genommen, und sie hat sich mir völlig hingegeben, ohne ihre Jungen zu beachten. Ein Zeichen der Erschöpfung. Als sie sich an meine Brust schmiegte, spürte ich bald ihren unregelmäßigen Herzschlag, bei jedem fünften, zehnten, zwanzigsten Mal so schwer und stark wie ein Hammer. Sogar ihre Ohren zitterten davon leicht. Schwerfällig erschlaffte sie. Zwei ihrer Jungen kommen zu ihr, aber sie rührt sich nicht, will sich ausruhen.

Das beweist doch, dass die Jungen in der Wildnis gar nicht alle gesäugt werden könnten, obwohl die Katze sechs Zitzen hat. Die Mutter hätte dazu einfach nicht die Kraft. Tigrine ist wohlgenährt, allerdings mangelt es ihr an einem ganz bestimmten unerlässlichen Nahrungsmittel, nämlich der frischen Luft.

Wenn sich die Jungen von Tigrine entfernen, springt sie auf, ruft sie zu sich und treibt sie an. Laufen sie zu weit weg, trägt sie sie wieder zurück und spricht mit ihnen, aber nur mit sanftem Tadel, ohne Wut. Wagt sich eines von ihnen zu nah an die Tür meines Arbeitszimmers, rennt Tigrine herbei und jagt dem Ausreißer schon aus einigem Abstand einen gehörigen Schrecken ein, damit er umkehrt, klemmt ihn sich dann zwischen die Beine und scheucht ihn vor sich her. Sie erschrickt, wenn sie ein Geräusch hört, das an einen Fall erinnert; darauf reagiert sie empfindlich, ihre Nerven erbeben, ein weiteres Zeichen der Erschöpfung. Sie ist abgemagert, ihr Schwanz trocken; Furcht liegt in ihrem Blick, ein Krampfanfall steht ihr bevor. Arme Tigrine! Wo sind bloß deine hübschen, seidigen Pluderhosen, die davon zeugten, wie gut es dir ging?

Zwei ihrer Kinder, die beiden stärksten, nehme ich ihr weg, um sie zu entwöhnen. Heute Nacht war sie so kraftlos! Ihr Schlaf war geprägt von unruhigen Träumen und Zittern, wie bei einem schwachen, allzu empfindsamen Menschen – es ist also Zeit für die Entwöhnung.

Ihr ist sehr wohl bewusst, dass zwei ihrer Jungen fehlen, und sie sucht dort nach ihnen, wo sie sind: im Arbeitszimmer meines Mannes. Sie schnüffelt am Türspalt und will hinein. Sobald die beiden ihre Milchsuppe aufgegessen haben, darf Tigrine zu ihnen. Ihr geht das Herz auf, doch die Kätzchen sind zu satt, um das zu bemerken. Sobald sie auch die anderen beiden ins Arbeitszimmer getragen hat, zählt sie ihre Jungen, um sicherzugehen, dass auch ja alle vier da sind. Dann legt sie sich besänftigt hin und schaut sie glückselig an.

IV
Chronik von Tigrines Jungen

Tigrines Junge sind in den ersten Monaten unschuldig, aber nicht so charakterlos wie Hundewelpen. Sie lassen bereits die Verschmitztheit erkennen, die sie später einmal prägen wird, und das ist in ihrer großen Unschuld einfach hinreißend.

Das Erstgeborene, ein empfindsamer Kater mit beigefarbenem Fell, scheint ein Unikat zu sein, die Frucht einer Erinnerung. Er ist feinfühlig, nicht von dieser Welt, ein Kind der Fantasie, eine Liebe, die der Liebe vorausgeht. Wir nannten ihn Jésule Trott.

Die anderen Jungen sind Kinder der Wirklichkeit und kommen ganz nach ihrem Vater.

Kleine Schauspieler, hervorragende Gaukler, aufstrebende Akrobaten: Sie stecken voller Neugier, wollen lernen, jeden Raum betreten und alles entdecken.

Eines von ihnen ist ein kleiner Bär, ein Herkules, ein Harlekin. Er ist Kasper und Athlet zugleich. Seine Mutter weiß zu schätzen, wie kräftig er ist, wie groß seine Pfoten sind, ihn hat sie am liebsten. Er spielt sehr gern, man könnte meinen, dass er lacht und auch die anderen zum Lachen bringen will. Wegen seines schwarzen Fells nannten wir ihn Le Curé, den Pfarrer, und außerdem, in Erinnerung an Minettes Sohn, Pluton.

Das dritte Junge, der Schotte Robin Hood, mit seinem facettenreichen und schwarz gestreiften Fell, ist das wissbegierigste. Ihn nannten wir Journaliste, Sans-Quartier oder Paul Meurice. Überall erkundet er neue Dinge und Orte, will alles ergründen, untersucht ohne Gier die Küchenanrichten, um all ihre Geheimnisse aufzuspüren.

Schließlich war da noch Mademoiselle Zizi, die Blume des Waldes, die Schönheit der Bande, bei der die Verschmitztheit der Spezies am deutlichsten zutage tritt, bei der sie sogar triumphiert wie die Anmut, mit einer letzten Spur Unschuld. So hübsch, dass sie allen Männern und Katern den Kopf verdreht.

NACH EINER WOCHE (20. März 1873)

Was für eine interessante Haltung Tigrine doch einnimmt, als sie sich nach einer Woche ein wenig von ihren Jungen entfernt, also der Geburtsstätte entsteigt, sich wie eine Sphinx neben das Körbchen setzt und durch die Spalten hineinlugt: Was sie ohne ihre Mutter wohl machen …? Solange Tigrine sie stets nah bei sich hält, lernt sie ihre Jungen noch nicht richtig kennen. Wenn sie in der sanften Wärme wohlbehütet schlafen, kommen ihre Wesenszüge noch nicht zum Vorschein. Doch nun schaut die Mutter sie neugierig an und würde wohl gern sehen, wie sich die Jungen ein wenig von ihr lösen. Dazu muss sie sich überwinden, und sie fürchtet sich auch davor, denn sie weiß, wie schwach sie noch sind. Mit der Anziehungskraft ihrer Augen regt sie sie dazu an, sich zu erheben, und schon beim kleinsten wackligen Versuch stellt sie sich halb auf, ihr Blick verändert sich und wird unruhig. »Was, wenn er fällt, was, wenn er sich wehtut?«, sagt dieser Blick. Schon bereut sie ihr großes Verlangen danach, das Wesen ihrer Jungen so jäh erwecken zu wollen.

NACH ZWEI WOCHEN (27. März)

Katzen entwickeln sich viel schneller als Kater, die schwerfällig, unentschlossen und nicht sehr aufgeweckt sind, weil ihr Nervensystem noch in Verzug ist. Eine Woche nach der Geburt gebe ich den Jungen erstmals das Fläschchen, und Zizi trinkt gleich sehr säuberlich, während sich ihre ungelenken, widerspenstigen Brüder mit Milch bekleckern, Trott etwas weniger als die anderen beiden.

Trott weiß genau um sein Ältestenrecht. An der Brust seiner Mutter breitet er sich aus, als hätte er darauf einen Anspruch. Pluton, der viel starker ist als er, kam stämmig zur Welt und lässt sich von dieser ständigen Landnahme nicht unterkriegen. Er fordert ein, was ihm zusteht, teilt Schläge aus, scheucht seinen Bruder fort. »Geh weg! Geh weg!« Doch er rutscht aus, will kämpfen wie ein Widder oder ein kleiner Stier, Stirn an Stirn. Als die Pfoten seines Bruders noch harmlos waren, hat Trott immer gemütlich an der Zitze gelegen und von alldem nichts gemerkt.

Doch nun, da die Krallen schärfer sind und sich in sein Ohr oder seine Augenlider bohren (denn in der Glückseligkeit des Säugens halten Katzen die Augen geschlossen), ertönen Wehklagen, Schreie, Vorwürfe: »Du tust mir weh!« Aber es nützt alles nichts, er muss sich geschlagen geben. Pluton geht als Sieger hervor und hat Appetit für zwei. Zizi setzt sich hin wie ein Mensch.

Bei allen vier Jungen lässt sich die Entwicklung des Nervensystems beobachten, die jeder anderen Entwicklung vorausgeht. Wenn sie schlafen, zucken häufig ihre kurzen Glieder oder der ganze Körper. Liegen sie auf dem Rücken, dann ist es deutlich erkennbar, wenn sie einen Albtraum haben und sich daraus nicht befreien können, und wenn man sie dann aufweckt, sind sie überrascht und verschreckt, fauchen und fahren hoch. In dieser Position sind elektrische Impulse offenbar stärker und führen zu Krämpfen und Zuckungen.

Im Alter von zwei Wochen werden ihre Bewegungen markanter und nehmen eine kindliche, verschmitzte Anmut an. Manchmal sehen sie aus wie Zuhörer, die in einem Halbkreis um ihre Mutter herumsitzen, die vier Köpfchen aufmerksam erhoben. Ich muss dafür sorgen, dass allen die gleiche Behandlung zuteilwird.

Alle vier habe ich bei mir behalten, um zu sehen, ob sie sich auf die gleiche Weise entwickeln oder ob sich bei jedem von ihnen mit der Zeit unterschiedliche Züge herausbilden. Letzteres war der Fall. Trott kommt am ehesten nach seiner Mutter und zeigt bei Weitem die meisten Gefühle von allen. Sans-Quartier ist der Schwächlichste und so niedlich wie ein empfindsames Kind. Wenn man ihn streichelt, schnurrt er heftig, als wollte er sich beklagen. Zizi ist ausgeglichen, aber auch etwas eigenwillig.

Pluton ist der Stärkste, das Familienoberhaupt. Er kommt nach seinem Vater, der kleine Aufschneider.

Sie sind grazil und überhaupt nicht energisch. Liegt das an der Rasse, am Klima? Mir scheint es, als erwachte die Verschmitztheit im Süden Frankreichs früher.

NACH DREI WOCHEN (3. April)

Innerhalb einer Woche haben sie sich prächtig entwickelt. Ihre Milchsuppe essen sie allesamt mit großem Genuss. Jedes der Jungen geht seinem eigenen Leben nach, wie eine kleine, schon ausgewachsene Persönlichkeit. Zizi schläft ein wenig abseits, damit sie mehr Ruhe hat.

NACH VIER WOCHEN (10. April)

Inzwischen sind ihre Beine kräftig genug, die Jungen werden umtriebig. Sie spielen eine Viertelstunde lang und schlafen dann ein, manchmal ganz plötzlich. Sie folgen mir mit den Blicken, dann lassen sie das Köpfchen sinken, und niemand ist mehr da.

Nun bildet sich auch der Verstand heraus. Stubenrein sind sie bereits, und sie können sich selbstständig erleichtern, sind aber traurig darüber, dass die Mutter ihnen dabei nicht mehr hilft.

Alles Angenehme zieht sie an. Zizi hat schon die Freuden des Kohleofens für sich entdeckt: Mit einer ruhigen Gelassenheit sitzt sie davor, wie eine kleine Sphinx. Ihr Wesen ist bereits ausgeglichen. Sie konnte ihre Notdurft als Erste allein verrichten. Die beiden Anschmiegsamsten, Jésule Trott und der Schotte Robin Hood (Paul Meurice), sind am schmächtigsten. Sie schmiegen sich gern an uns und suchen unsere Nähe. Monsieur Le Curé (Pluton) ist ein wenig zu energisch, wird dafür aber sehr geliebt. Er könnte der Stolz seiner Amme sein.

Nach einem Monat schaue ich mir ihre Augen an. Bei schwarzen Katzen ist die Iris zunächst kobaltblau und wird dann grün, mit einigen schwarzen Sprenkeln. Trotts Augen sind aschblau. Der Kater mit dem beigefarbenen Fell hat, wie auch die hellhaarigen Menschen, die hellsten Augen.

Wenn Katzenjunge wie Kaninchen umherhüpfen, drücken sie damit erstmals ihren Spieltrieb aus. Das Kätzchen zieht seinen Körper zusammen, krümmt den Rücken und sammelt seine Kräfte.

NACH FÜNF WOCHEN (17. April)

DIE SPIELE

Manchmal rennen sie ruckartig umher oder springen unerwartet aufeinander zu, als überkäme sie ein plötzlicher Einfall, oder vielmehr eine Trunkenheit, die sie eine Bewegung um der Bewegung willen ausführen lässt.

Mit der Sehkraft erwacht auch die Neugier, und die Jungen klettern bereits auf niedrige Möbel. Meine Truhe, die etwa dreißig Zentimeter hoch ist, war das erste Ziel ihrer Erkundungen. Zwei oder drei Tage brauchten sie, dann waren sie dafür geschickt genug. Am Anfang rutschten sie immer wieder hinunter, da ihre Beine noch zu schwach waren; es fiel ihnen recht schwer, alle vier Pfoten aufeinander abzustimmen, und auch ihre Muskeln hatten noch nicht genügend Kraft. Bald darauf jedoch spielten sie einander Streiche: Ein Bruder zog den anderen wieder hinab oder brachte sich obenauf in Stellung, um den anderen den Weg zu versperren, bis sie erschöpft waren und lockerließen. Richtige Kinderspiele.

Hin und wieder streiten sie sich. Dann kämpfen sie, zücken dieselbe Waffe immer wieder auf andere Weise, je nachdem, wie das Gefecht verläuft.

Trott schläft Tag und Nacht auf meinem Bett. Wenn ich morgens allmählich erwache, beschnuppert er behutsam meine Nase. Von der Seite sieht es aus, als würde er lachen, er öffnet den Mund wie ein kleines Kind.

Sie spielen miteinander Pferdchen, hüpfen voller Selbstsicherheit übereinander. Sie wedeln mit dem Schwanz und verhalten sich wie Hippogryphen, Hippokampen, Dromedare, laufen herausfordernd umher. Sogar ihrer Mutter gegenüber sind sie aufsässig.

Le Curé, das am wenigsten robuste Junge, scheint nicht zu ahnen, wie schön es sein kann, gestreichelt zu werden, und verschließt sich deshalb vor jeder Berührung.

Zizi hat ein ähnliches Wesen wie er, unterscheidet sich von ihm jedoch durch ihre Weiblichkeit. Paul Meurice will sich liebevoll an sie schmiegen.

Trott, ebenfalls liebevoll, will gestreichelt werden.

Tigrines neugierige, beunruhigte Blicke sprechen Bände.

Ich möchte nun ihre Bewegungen beschreiben. Bevor sie zu Katzen werden – den vollkommensten Wesen der Welt –, imitieren sie im Spiel jedes andere Tier:

1. Sie springen herum wie Kaninchen oder Hasen und wedeln dabei mit dem Schwanz.
2. Sie schwingen den Schwanz und das Hinterteil von einer Seite zur anderen, um seitwärts zu springen: So bewegt sich ein Affe, und es scheint, als wollten sie ihr Rückgrat ölen, jeden Wirbel einzeln spielen lassen, sich lockern und dehnen.
3. Sie peitschen geradezu mit dem Schwanz, wenn sie unzufrieden oder aggressiv sind.

Kurzum: Nach fünf Wochen deutet noch nichts auf das bissige Raubtier hin, für das eine Katze gemeinhin gehalten wird. Es gibt nichts Reizenderes als diese rosa Münder, die kleinen rosa Füße, die trotz ihrer Krallen ganz unschuldigen Pfötchen, die mit Ihrem Gesicht spielen und darüber streicheln wollen.

Und erst ihre Körperhaltung! Trott, der mit dem hellen Fell, schaut mich auf dem Rücken liegend von Kopf bis Fuß an, wenn ich mich zu ihm hinunterbeuge, und er sieht so lieblich aus, so glücklich darüber, dass ich mit ihm spreche, er ist so niedlich und anhänglich, dass man meinen könnte, er würde gleich lachen. Seine Krallen sind zwar schon scharf, doch verletzen möchte er niemanden. Auf keinen Fall will er seiner Mutter gehorchen, die ihre Jungen allesamt zu Jägern ausbilden muss. Nur eines lässt bereits ihre künftigen Triebe erahnen: Sie lauern aufeinander und springen plötzlich hervor. Alles andere ist nur ein Spiel unter unschuldigen, harmlosen Tieren, die niemals gefährlich werden.

Doch ihre Unabhängigkeit ist bereits sehr ausgeprägt.

NACH SECHS WOCHEN (24. April)

Nach sechs Wochen löst sich Tigrine von ihren Jungen: Sie liebt sie, doch bald wird sie keine Milch mehr geben. Vier hungrige Mäuler wollten gefüttert werden, und nun hat sie kein Leben mehr in sich, das sie ihren Jungen schenken könnte.

Für die Entwöhnung entfernt sich die Mutter von ihnen und schläft nicht mehr mit ihnen im Körbchen. Nachts liegt sie auf meinem Bett, tagsüber verlässt sie das Zimmer, verschwindet über längere Zeit, freut sich, ihre Jungen später wiederzusehen, legt sich aber nicht mehr mit geschwollenen Zitzen neben sie und muss sie auch nicht mehr säugen.

Weil Tigrine nicht mehr der Mittelpunkt ihrer Welt ist, macht sich eine Spur Eifersucht bemerkbar: Sie weist ihre Jungen schon strenger zurecht.

Nach sechs Wochen packt die Mutter wieder der Wunsch nach dem Alleinsein. Eine Besessenheit, die fünf oder sechs Tage andauert, wie eine Kältewelle.

Danach schlüpft sie rasch wieder in die Rolle der Mutter. Nun will sie nicht mehr von ihren Kindern getrennt sein. Sie spielt mit ihnen, doch sie wird bereits von anderen Gedanken gepackt, sie sträubt sich wie in einem beißenden Wind (ihr trockenes, raues Fell bildet auf ihrem Rücken einen Kamm), und sie will jemanden beißen, die Zähne oder die Krallen in jemanden versenken und die furchterregende Flüssigkeit hervorquellen sehen. Kätzchen, nehmt euch in Acht!

Wenn ein Junges an ihr vorbeiläuft, hält sie sich jedes Mal zurück, aber wie seltsam doch ihre Augen leuchten! Beim kleinsten Zusammenstoß könnte der Funke überspringen, das Gewitter hervorbrechen. Ein Gewitter, das aber schnell vorbei ist. Ein einzelner elektrischer Schlag.

Sie ist völlig erschöpft, ihre Nerven erbeben und lieben. Ihre extremen Empfindungen überwältigen sie.

NACH SECHSEINHALB WOCHEN (28. April)

NEUE SPIELE

Inzwischen empfinden sie den Rausch des Lebens, der nicht weiß, wie er zum Ausdruck kommen soll. Die Jungen sind die Herren des Hauses. Alles gehört ihnen, alles soll sich regen und auf ihre Provokationen reagieren.

Ihr liebstes Theater ist die Schwingtür, die die Schauspieler voneinander trennt, nicht allzu leicht nachgibt, aber ein wenig von dem erahnen lässt, was sich auf der anderen Seite abspielt. Sie bewegt sich deutlich genug, um zu zeigen, dass sie da ist, ist aber auch so schwer, dass sie nicht ohne Weiteres wild umherschwingt und einfach die Geheimnisse des Theaters verrät. Neugierig kommen die Jungen näher, aber zurückhaltend und behutsam. Vielleicht versteckt sich ja eines ihrer Geschwisterchen dahinter ...? Ja, sie begegnen einander, ergreifen die Flucht, aber nach oben, klettern glücklich und voller Freude hinauf, fliehen wie berauscht, hängen in der Luft, in der Leere, lernen Hunderte geschickte Züge, um wieder hinabzukommen und zugleich dem Feind zu entwischen und nicht zu fallen – Übermut im höchsten Maße!

Zuerst waren sie kleine Kaninchen, dann Kängurus, dann Affen. Inzwischen sind sie eher Pferde, Zirkuspferde sogar. Was man einem solchen erst durch Dressur beibringen muss, lernt die Katze von selbst, ohne sich anzustrengen. Es kommt ihr einfach, während sie das Kunststück ausführt, unvorhergesehen. Man erwartet es nicht, und das ist das Tolle daran! Das Leben selbst findet diese Bewegungen, lässt sie hervorströmen, diese glückliche Wendung, die ihre Persönlichkeit ausmacht und ihre Züge hervorhebt.

NACH SIEBEN WOCHEN (1. Mai)

DIE AUGEN

Jésules Augen bleiben aschblau, Zizis verwaschen grün, Plutons ebenfalls, allerdings etwas heller, und Meurice' Augen sind noch heller, sie werden künftig wohl das Grün des Ozeans annehmen.

Keines dieser Augenpaare lässt erkennen, wie es später einmal aussehen wird. Anders als die eher länglichen Hundeaugen sind Katzenaugen rund, dadurch nehmen sie bereits etwas mehr Platz im Gesicht ein und wirken noch eigenartiger.

Aber warum verändert sich die Augenfarbe? Liegt es daran, dass die Katze älter wird und die Geschlechtsreife erreicht? Oder daran, dass der Blick fürs Jagen in der Dämmerung geübter wird?

Zu Beginn ist ein Katzenjunges eher tagaktiv; erst mit den Änderungen, die das Tageslicht auf seiner Netzhaut mit sich bringt, scheint es sich im Dunkeln wohler zu fühlen.

Heute schaut Trott sanft drein, Meurice arglos. Später einmal werden die Augen der beiden bestimmt golden sein, momentan jedoch lässt sich ihr Grün nur schwer beschreiben und scheint mir allmählich rätselhaft. Doch ich würde behaupten, dass die Augenfarbe einer Katze von ihrer Fellfarbe abhängt. Meurice ist größtenteils weiß und hat schwarze Streifen – das ist in etwa so, als wäre er kastanienbraun, also werden seine Augen später einmal hellgrün. Trotts Augen bleiben vielleicht bläulich, Zizis und Plutons werden vermutlich gelb.

Im Moment glänzen ihre Augen kaum. Allein bei Pluton und Zizi habe ich bisher einen Schimmer ausmachen können, blauen Schimmer wie auf einer dunklen Stahlplatte oder einem Skarabäusflügel, einen trüben, lichtlosen Schimmer, wenn man es so ausdrücken möchte. Natürlich spiegelt der Teppich das Licht nicht, und das ist eine Wohltat, solange Katzenjunge noch gesäugt werden, sich noch nicht um sich selbst kümmern und auch all ihre Fähigkeiten noch nicht ausschöpfen müssen. Wahrscheinlich sind die Zähne, die Geschlechtsorgane und die Augen zur selben Zeit voll ausgeprägt. Coqueluche hatte glänzende, zitronengelbe Augen, Tigrine hingegen helle, manchmal feurig goldene – sodass sie in der Dunkelheit noch den schwächsten Lichtstrahl reflektierten.

Nach sieben Wochen ist ihre Stimme immer noch die eines kleinen Kätzchens, tief, zaghaft, wehklagend. Nur wenn das Junge verletzt ist oder leidet, kann die Stimme schon ihre volle Kraft zeigen, ihre wahre Vehemenz, die Katzen im Gegensatz zu Kindern nicht unnötig vergeuden.

WESENSZÜGE

Alle vier sind völlig unverwechselbar.

Jésule (Trott) kam als Erster zur Welt und ist zugleich derjenige, dessen Energie sich etwas verzögert herausbildet. Er ist sanftmütig und friedlich. Die Empfindlichkeit seiner schwachen Nerven lässt alles an ihm wirklich reizend wirken, seine Bewegungen, seine Zärtlichkeit, seine Gelenkigkeit. Ich kann mich ihm kaum nähern, ohne dass er gleich schnurrt und mir zeigt, wie sehr es ihn freut, dass ich mich um ihn kümmere.

Seine Vorlieben: Er wird länger von der Mutter gesäugt, mag noch kein rohes Fleisch, isst aber auch nur wenig gekochtes; viel lieber mag er Milchsuppe, Brot, salziges Gebäck und Käse. Ein Vielfraß ist er keineswegs. So sind hellhaarige Katzen eben. Er hat Charme und übt sich in Zurückhaltung.

Paul Meurice (der Schotte, Journaliste, Sans-Quartier)

gleicht einer kastanienbraunen Katze: Er ist nahezu ebenso weiß, wie er schwarz ist, beide Farben mischen sich fröhlich, als würden sie miteinander verschmelzen. Er ist der Heiterste, Lebhafteste aus dem Wurf. Ich glaube, er kam als Zweiter zur Welt. Er führt die anderen an, bewegt sich so flink wie keines seiner Geschwister. Er ist der Akrobat, der Turner, der Gaukler, der Trickkünstler, der Artist, der Seiltänzer. Er zieht die anderen in seinen Bann, scheint ihnen zuzurufen: »Mir nach!« Die schwindelerregenden Höhen der Bücherregale hat er bereits erkundet. Türen dienen ihm als Leitern. Er ist fröhlich und weniger anschmiegsam als Jésule. Wir Menschen sind für ihn zum Spielen da: Er liebt uns, weil wir ihm neue Perspektiven eröffnen. Unsere Provokationen begreift er sofort und springt schroff darauf an. Er sieht vollkommen klar, ist geistreich und scharfsinnig.

Seine Vorlieben: Ebenso wie Jésule hat er keinen sonderlich ausgeprägten Appetit. Er mag sehr gern Milchsuppe, aber auch gekochtes und manchmal rohes Fleisch. Kein fettiges Essen, keinen Käse. Keine der Katzen mag Spargel, auch ihre Mutter nicht. Was würde Toussenel dazu sagen?*

---

* Anm. d. Ü.: Anspielung auf Alphonse Toussenel, der heute vor allem als Begründer des modernen Antisemitismus bekannt ist, jedoch auch Tierbücher verfasste, in denen er u. a. behauptet, dass Katzen, die er als Analogie zum »weiblichen Geschlecht« versteht und denen er wegen ihres vermeintlich liederlichen Lebens abgeneigt ist, besonders gern Spargel mögen.

Pluton (Monsieur Le Curé) kam stark und beweglich zur Welt, ist aber kein Akrobat. Er spielt gern, allerdings mit der ganzen Kraft seines stämmigen, geradezu grob geschnitzten Körpers. Seine Flanken sind fest, es mangelt ihm an Agilität und anmutiger Schlankheit. Er hat eher den Körperbau eines Hundes, denn seine Beine sind sehr kräftig – und etwa so lang wie meine Hand – und wenig biegsam, anders als bei den anderen Jungen, deren Wirbelsäulen so flexibel und deren Muskeln so schlaff sind, dass ich sie in alle Richtungen verbiegen könnte.

Pluton ist also überhaupt kein Akrobat. Dazu hat er keinerlei Neigung. Die Kunststücke überlässt er Paul Meurice. Wenn er einmal springt, dann nicht allzu hoch. Er hat die Stärke eines Kämpfers, eines Athleten. Allerdings ist er trotz seiner Körperkraft und seiner riesigen Pfoten weder streitlustig noch kampfesmutig. Ich weiß schon jetzt, dass er später einmal ein pflichtbewusster, gewissenhafter Arbeiter sein, aber nicht allzu viel Vorstellungskraft besitzen wird. Er ist fast schon ein richtiger, ausgewachsener Kater. Lieber als mit seinen Geschwistern würde er mit seiner Mutter spielen. Und Tigrine, die zuerst ganz in Jésule vernarrt war, liebt diesen dicken kleinen Kater, dieses Sinnbild der Stärke, inzwischen mehr. Ihre Vorliebe für ihn verstehe ich nicht recht: Sie lässt ihn noch immer an ihren Zitzen saugen, lässt sich sogar auf die Seite fallen, wenn er wie ein Widder den Kopf in ihre Flanken stößt.

Und auch ich liebe Pluton, mit seiner gänzlich schwarzen, fast schon tragischen Maske, auf die sich genau am linken Mundwinkel ein frecher weißer Fleck verirrt hat. Wäre dieser Fleck größer, dann hätte Pluton zwei Gesichter, eines für die glücklichen, eines für die düsteren Tage. Doch seine dunklen Augen machen aus ihm einen wahren Sohn der Nacht. Nicht der höllischen Nacht, denn in ihrem Dunkelgrün liegt überhaupt nichts Teuflisches. Noch in dieser finstersten Nacht erkennt man an ihm eine gewisse Anmut.

Seine Vorlieben: Rohes Fleisch ist mit Abstand seine Leibspeise. Jeden Morgen beim Frühstück springt er auf meine Schultern und reckt seinen kräftigen Kopf, weil er sehen will, was auf meinem Teller liegt. Grob schmiegt er sich an mich, damit ich ihm etwas abgebe, ohne mich jedoch wirklich zu reizen – er miaut nie.

Zizi, die Japanerin. Man könnte meinen, sie sei einem japanischen Paravent entsprungen und habe zuvor noch ein wenig Ähnlichkeit mit den hübschen Damen angenommen, die sie dort neugierig in ihrem Ankleidezimmer beobachtet hat.

Zizi ist ganz in schwarzen Satin gehüllt und trägt Stiefel und Handschuhe aus weißem Satin an den Pfoten. Das tintenschwarze Haar auf ihrem Kopf wird genau in der Mitte von einem weißen Streifen gescheitelt; erst dünn wie ein feiner Strich und zur Stirn hin breiter werdend, zieht er sich bis zum Mund und endet schließlich wie eine Guimpe auf ihrem Hals. Darunter, auf der Brust, prangt ein schwarzer Fleck – wie der Schürzenlatz einer Ordensschwester oder das Korsett einer Dame aus Bern – und ersetzt das Weiß, es sieht aus wie ein Mieder. »Sie ist eine Nonne aus *Robert le Diable*!«, könnte man sagen. Doch das stimmt nicht. Zizi ist eine Dame aus dem Orient. Zu diesem Weiß, das ihrer Stirn, der Nase und dem oberen Teil ihres Mundes eine gewisse Nacktheit verleiht, kommen rosa Nasenlöcher und Lippen, so frisch wie eine echte, halb geöffnete Rose, nur weitaus graziler.

Sie wirkt so unschuldig, mit ihrem Gesichtchen, ihrem Hals, ihrer schneeweißen Brust ... Auch hier hat der Schalk bereits sein Spiel getrieben. Genau in der Mitte ihrer Unterlippe durchbricht wiederum ein kleiner schwarzer Fleck die Eintönigkeit. Der Teufel hat in diesem zarten Gesicht eine winzige Spur hinterlassen, so klein, dass man gar nicht an ihn denken würde, sondern an etwas anderes, das man nicht sofort begreift, das neugierig macht, vor allem, weil Zizi bereits eine richtige Persönlichkeit ist. Zuweilen zieht sie sich aus dem Wirbel der Spiele zurück, aber nicht zum Schlafen. Beim Essen bettelt sie nie, sondern isst ihre kleine Portion und lässt sich auf einem Stuhl nieder, gleich neben dem Käfig der Kanarienvögel. Dort verfällt sie in eine nachdenkliche Betrachtung, interessiert sich nicht für sie wie ein junger Tiger, der auf der Lauer liegt (denn noch hält sie sich fern von rohem Fleisch), sondern schaut ihnen einfach gern zu. Keine ihrer Bewegungen entgeht ihr. Springen die Vögel auf die höchsten Stäbe im Käfig, reckt sie den Kopf, wie um ihnen den schwarzen Tupfer unten an ihrem Kinn zu zeigen, den man auch als Schönheitsfleck bezeichnen könnte. Ihr Gesichtsausdruck und ihre Körperhaltung lassen nur eines erkennen: den Willen zur Erforschung. Das Leben dieser geflügelten, unauffälligen Wesen, das ihrem eigenen so überlegen ist und sich doch jeden Moment loslösen könnte, scheint sie in eine andere Welt zu versetzen. Sehr oft sitzt sie so verzückt da, viele Minuten lang.

Wenn sie mit den anderen spielt, ist sie nicht wild, sondern eher schelmisch; mit ihrem Bruder Pluton spielt sie am häufigsten, sie neckt und schubst ihn in komischen Posen herum.

Die Kleine entfaltet sich. Sie ist nicht stark, aber dafür durchtrieben.

NACH SIEBENEINHALB WOCHEN (5. Mai)

AUFBRUCH

Inzwischen sind fast alle von ihnen fort.

In den ihnen bekannten Zimmern der Wohnung waren sie noch ruhig und vertrauensselig, unsere Freunde konnten sie ohne Weiteres hochheben – erst auf der Treppe bekommen sie Angst.

Zizi, die ganz entspannt in den Armen der lieben

Madame Manet gelegen hat, versetzt die Leere der drei Stockwerke plötzlich in Panik. In der Kutsche, deren Türen ihr neues Frauchen in weiser Voraussicht gut verschlossen hat, springt sie wie wild herum. Zizi klettert auf ihre Schultern, auf ihren Kopf, weiß nicht, wohin sie verschwinden kann. Schließlich erblickt sie den weiten Ärmel von Madame Manets Dolman, kriecht zitternd hinein, den Arm hinauf bis an die höchste Stelle, und kauert die gesamte lange Fahrt über regungslos dort.

Offensichtlich vertraut sie dieser fremden Entführerin; die Welt jedoch, diese Unbekannte, von der sie noch nichts weiß, versetzt sie in Schrecken. Beinahe hätte sich die grausame Macht der Empfindlichkeit in ihrem Wesen offenbart, obwohl sie doch bisher so ruhig und bedächtig war. Erst einige Stunden später kam sie wieder hervorgekrochen. Nun fühlt sie sich wohl im neuen Heim, und ist so bezaubernd wie zuvor.

Im Pferdeomnibus ergriff dieselbe Furcht auch Paul Meurice. Er ist aus seinem Korb ausgerissen und den Fahrgästen über die Köpfe gesprungen. Nur mit größter Mühe konnte man ihn wieder einfangen und davon abhalten, durch die offenen Fenster zu entfliehen.

Monsieur Le Curé hingegen war ganz ruhig, während er aufs Land fuhr und seine neue Arbeit aufnahm, und zwar in einer Wäscherei.

EINIGE KATZENPORTRÄTS

I
Die Katzen von Montauban

In meinen *Memoiren eines Mädchens* habe ich von meiner Freundschaft zu den siebzehn Katzen im Haus meines Vaters berichtet. Sie haben unsere Erziehung sehr beeinflusst und mich häufig zum Nachdenken gebracht.

Noch heute denke ich mit Freude zurück an meine Gefährtin Zizi und an Finette, die Katze meiner Schwester, die häufig trächtig war, so das ganze Haus in Aufruhr versetzte und sich trotz ihrer Fruchtbarkeit wie eine alte Dame verhielt. Auch Lo Tello (Le Tisserand) werde ich nicht vergessen, diesen prächtigen Kater, der seinem Serail den Kopf verdrehte, ohne ihm sonderlich treu zu sein. In manchen düsteren Winternächten, in denen die Nachtruhe doch so tief ist, schreckte uns die lautstarke Stimme dieses neuen verlorenen Sohnes zuweilen aus dem Schlaf. So brachte er nicht seine Liebe zum Ausdruck, sondern seinen Hunger. Mutter und Töchter standen auf und öffneten die Tür, und Le Tisserand rannte ohne jede Vorwarnung zur Anrichte, packte den Schlüssel mit beiden Pfoten, drehte ihn im Schloss und schrie nach uns. »Wie sehr er gelitten haben muss!«, rief meine Mutter dann. Ja, das hatte er, und ich wollte ihn um jeden Preis die ganze Nacht lang bei mir behalten.

Zizi war ebenso lebhaft wie Le Tisserand. Eines Nachts hörten wir, wie jemand die Tür zum Schlafzimmer zu öffnen versuchte, in dem unsere Mutter allein mit uns war. Mein Vater schlief am anderen Ende des Hauses, so war es besser bewacht. Zwischen ihm und uns lagen fünf Zimmer, eine ganze Welt. Meine Mutter fuhr hoch und fragte: »Wer ist da? Sind Sie es, Marianne?« Keine Antwort. Der Riegel bewegte sich unter den tastenden Gesten von jemandem, der das Türenöffnen nicht gewohnt war. Die Furcht stand meiner Mutter ins Gesicht geschrieben. Ihre Stimme und das Geräusch hatten uns alle aus dem Schlaf gerissen. Mit einer ziemlich schroffen Bewegung wurde die Tür aufgestoßen; meine Mutter sprang auf und griff nach dem Schlagfeuerzeug (Phosphorstreichhölzer gab es damals noch nicht). Während sie Funken entfachte, zitterte ich am ganzen Körper, denn ich lag der Tür am nächsten und war also am wenigsten geschützt. Plötzlich entfuhr mir ein gellender Angstschrei: Etwas hatte meine Beine berührt, und auf meinem Gesicht spürte ich so etwas wie eine pelzige Hand. Uns allen war kalt. Endlich brannte die Kerze, und wir sahen uns um, konnten aber nichts entdecken. Die Betten waren hoch, also mussten wir darunter nachschauen. Wir nahmen all unseren Mut zusammen und beugten uns hinab, suchten im Dunklen, und von meinem Bett sprang die größte Ratte, die ich in meinem Leben je gesehen habe ... Sie war ebenso verängstigt wie wir, kletterte auf den Schrank und kauerte sich in eine Ecke.

Irgendwie mussten wir sie aus dem Zimmer vertreiben. Nachdem wir den Eindringling zu Gesicht bekommen hatten, fühlten wir uns gleich beherzter: Gott sei Dank war dieser Dieb nicht größer als wir. Außerdem würde Zizi uns helfen. Jede Nacht lag die schöne, schlanke Katze vor unserem Haus wachsam auf der Lauer und jagte. Schon beim ersten Ruf eilte sie beschwingt herbei und begrüßte uns freudig. Doch ein paar Sekunden später hatte sie den Feind gewittert und wurde ernst und aufmerksam. Die Ratte tat es ihr wohl gleich und regte sich nicht. Wir mussten die Leiter aufstellen und Zizi bitten, auf den Schrank zu klettern. Die tapfere Amazone zögerte keinen Augenblick, und schon entflammte dort oben ein Gefecht. Solange es in solcher Höhe stattfand, konnten wir nichts sehen, doch die Schreie und Sprünge der beiden Gegner verrieten uns, dass sie einander bis aufs Blut bekämpften. Zuerst gewann die Ratte die Oberhand. Zwischen dem Schrank und der Wand glitt sie hinab auf den Boden und rannte auf der Suche nach einem sicheren Ort quer durchs Zimmer. Ich glaubte, sie auf meinem Bett zu sehen, doch das war nur mein Schuh, den ich im ersten Schrecken nach ihr geworfen hatte.

Zizi gab sich selbst mit blutender Bisswunde nicht geschlagen. Sie jagte ihrer Beute hinterher und erwischte sie mit einem Satz. In ihrer Wut, ihren Schmerzen hätte sie die Ratte niemals verfehlen können. Zizi biss ihr in den Nacken, und sie wehrte sich nur noch schwächlich; die Katze trug den Sieg davon, verschmähte jedoch den Preis. Sie ließ das tote Tier dort liegen und kam zu uns, klagte ein wenig über ihre Verletzungen, die sie unter unseren Liebkosungen vergessen wollte.

Diese Katzen gehörten zu den Tapferen. Doch jene, deren Erinnerung wir am liebsten in unseren Herzen bewahren, sind die Schwachen. Mütter lieben ihre Kinder, weil diese machtlos sind, und auch kleine Mädchen fühlen sich eher zu jenen hingezogen, die ihnen Mitleid entlocken.

Ich werde nie vergessen, wie sehr mir das tragische Schicksal eines dieser armen, zarten Wesen das Herz brach.

Finette hatte einen Sohn. Weil sie sich nirgendwo wohlzufühlen schien, trug sie all ihre Jungen ständig im Maul herum und setzte sie hie und da ab, meistens auf den Bodenkacheln. Kälte packte das noch empfindliche kleine Tier, und es starb zwar nicht, wurde allerdings schwer krank. So erging es Figaro, den die Natur ohnehin schon sehr schlecht behandelt hatte, schlechter noch als den schmächtigen Moquo, Blanquettes knochigen Sohn. Figaro zumindest war nicht verwildert, sondern streifte uns Menschen um die Beine und wollte beschützt werden. Er hatte schwarzes Fell und gehörte unserer Köchin Marianne, die meine Schwester nicht leiden konnte. Wenn sie es gewagt hätte ...! Doch mein Vater beobachtete sie genau; sie musste noch warten.

Einmal veranstalteten wir ein großes Fest, zu dem uns alle Familien und Freunde aus der Stadt mit ihren Kindern besuchten. An diesem Tag wurde Figaros Schicksal besiegelt: Marianne drückte ihn unseren Cousins in die Hände, und die wiederum warfen ihn in einen Abwasserkanal und hielten ihn dort fest. Und was tat der Kater? Er schwamm durch diesen schlammigen Fluss, brachte die Strecke von sieben- oder achthundert Schritten zu unserem Haus hinter sich und kam gleich unter dem Abfluss heraus, durch den am Abend das kochend heiße Spülwasser floss (bei diesem Gedanken erschaudere ich noch immer). Doch er blieb dort, lief vor und zurück, und hat es tatsächlich überlebt.

Moquo hingegen war sehr gebrechlich, ein Sündenbock, ein Prügelknabe; er hatte nur wenig Fell, schien nicht aus Fleisch zu bestehen, sondern aus empfindlichen, ach!, überempfindlichen Nerven, denn er litt unglaubliche Schmerzen. Während sich die anderen Katzen in einem Kreis um den Ofen scharten, hockte er ganz oben auf der Treppe zum Scheunendach, war dem schneidenden Wind dieser zugigen Stelle ausgesetzt, wollte eigentlich von seinem Beobachtungsposten hinabklettern und sich zu den anderen gesellen, die in ihrem Paradies lagen, doch er zitterte unablässig, war unruhig und hatte Hunger. Selbst die Feldmäuse hätten über seine Jagdversuche gespottet. Nie verfiel er in solch einen schönen, tiefen, langen, geradezu lethargischen Schlaf, wie Katzen es sonst tun. Nur manchmal döste er vor sich hin und versank in einen Tagtraum, der von krampfhaften Zuckungen unterbrochen wurde.

Zwar war ich nicht so gemein zu ihm wie meine Brüder, doch besonders freundlich habe ich den armen Teufel zunächst auch nicht behandelt. Genau wie die anderen habe auch ich gelegentlich lauthals gelacht, wenn wir sein kümmerliches Gesicht erblickten, in dem seine grünen, ein wenig verstörten Augen viel zu viel Platz einnahmen.

Mein Vater hat mir beigebracht, was Mitgefühl ist. Wenn die Kinder im Garten oder im Wald spielten, ging er vorsichtig zur Scheunentreppe und rief: »Moquo! Mein armer Moquo!« Wenn ich in der Nähe war, versteckte ich mich und beobachtete ihn. Meist kam Moquo sofort angelaufen, doch wie sollte er Vertrauen fassen, selbst zu jemandem, der ihm nichts Böses wollte? Jemand, der seit seiner Geburt niemals Zuneigung erfahren hat, bewahrt sich für immer unwillkürlich Furcht und Beklommenheit. Das muss man ihm nachsehen. Ganz langsam kam Moquo herunter. Er miaute nie, das

Unglück hatte ihn verstummen lassen, aber seine Bewegungen waren ein vielsagendes Gebet! Schon dadurch, wie er auf den Leitersprossen sein karges Fell putzte, erhaschte ich Einblick in seine Seele. Zunächst stellte mein Vater ihm das Futter jedes Mal hin und ging dann weg, doch nach einiger Zeit wollte er mehr. Ich begriff, dass er trotz seines Alters seiner kleinen Tochter glich, die sich ganz in der Nähe versteckte. Er wollte Moquo unbedingt streicheln. Und Moquo war überhaupt nicht so verwildert wie seine Mutter Blanquette, die mit einem Satz zwanzig Stufen überspringen konnte. Am liebsten hätte er sich hingegeben und diese Hand, die er so liebte, auf seinem Körper gespürt, vielleicht hätte ihm das die erste Freude seines Lebens bereitet – aber er wagte es nicht, er war einfach zu empfindlich! Ab dem Tag allerdings, an dem er seine krankhafte Angst bezwingen konnte, gehörte er meinem Vater voll und ganz, und noch heute rührt mich die Erinnerung an die Freude, die daraus auf beiden Seiten entsprang.

II
Die schöne Blonde aus Aix

In manchen Katzen erwacht ein gewisser Teil der Wildheit und der Schroffheit von Raubkatzen. Die schöne Blonde aus Aix hatte die Anmut und die Ungezähmtheit des Panthers, auch seine eigenartige Schwerfälligkeit, gepaart mit dem Schelm und Schalk der Hauskatze. Ihre Annäherungen und ihre heitere Anschmiegsamkeit schienen stets miteinander im Zweikampf. Nur von der Größe her unterschied sie sich von dem schönen Panther, der ganz oben auf den Stufen seines Käfigs im Jardin des Plantes thronte, grazil und majestätisch wie ein Sultan aus dem Orient.

Diese anhaltende, ungedämpfte Wildheit eines sehr schwachen Wesens, das uns hätte fürchten können, zog uns in ihren Bann. Abends, im Schein der Lampe, neckten wir sie gern ein wenig, ließen sie um den Tisch laufen, auf diese schiefe, schlurfende Weise, die zugleich sinnlich und liebevoll, überraschend und provokant wirkte. An anderen Tagen brachten diese Spielereien ihren kühnen Wunsch nach Freiheit zum Ausdruck, sie schienen zu sagen: »Hier bin ich die Herrin. Ihr seid stark, aber nur, damit ihr mir dienen könnt.«

Keine ihrer Neigungen hielt sie geheim, sie waren allesamt naiv, unmäßig und grenzenlos entwickelt, vor allem ihr Appetit – der kam vielmehr der wilden Gier eines jungen Lebewesens gleich, dem erstmals alles zur Verfügung stand und das nur zugreifen musste, sodass das halb häusliche Zusammenleben mit uns für sie keinesfalls eine Knechtschaft darstellte, sondern eher eine Befreiung. Ganz anders war das bei La Noire und Le Cosaque. Letzterer stahl mir einmal eine ganze Taube. In diesen Monaten der Einsamkeit konnten wir sie gut beobachten. Da die Hotels geschlossen waren, kamen alle Katzen stattdessen zu uns.

III
Mademoiselle Bibiche
Die Katze aus Genf

Mademoiselle Bibiche folgte dem Schicksal ihrer Besitzer: Sie wurde von Paris nach Genf umgesiedelt, und das scheint ihr überhaupt nichts auszumachen. Es ist ihr gleichgültig, wo sie wohnt. Findet sie in den neuen Häusern in Genf nicht schließlich dieselbe Einrichtung und demnach auch die gleiche Abgeschiedenheit vor wie in Paris? An die Orte, an denen sich Katzen häufig aufhalten, binden sie sich über die Eindrücke, die sie dort gewinnen, und die Empfindungen, die sie dort haben, und Bibiche hat den Reiz von nächtlichen Spaziergängen und Katzenversammlungen in Hinterhöfen oder verlassenen Gärten nie kennengelernt. Vom Leben kennt sie lediglich die Fürsorge, die ihre Besitzer ihr zuteilwerden lassen, und das Haus, in dem sie wohnen. Sie schmiegt sich an sie und spielt freudig mit ihnen. Allerdings steht nicht fest, ob sie ihre Besitzer liebt. Unabhängige Wesen begreifen Freundschaft als etwas, das geprägt sein muss von Freiheit und Gleichheit, und wenn sie sich ihren

Herren gegenüber dankbar zeigen, dann durch eine Anstrengung ihres Verstandes. Nun sind Bibiches Gedankengänge aber nicht allzu abstrakt. Bestimmt würde sie den Wonnen der Gemütlichkeit, die sie so sehr zu genießen weiß, die Freiheit vorziehen, mit anderen Katzen lange nachzusinnen, mit ihnen diese Art magnetische Anziehung auszutauschen, die ihren Streitereien, ihrer Freundschaft und ihrer Liebe vorausgeht. Kennen wir denn ihre Gedanken? In ihren grünen Augen können wir nichts lesen. Sie faszinieren uns. Sie jedoch liest in unseren Augen und ist keineswegs fasziniert, schließlich ist sie die Sklavenhalterin, und wir sind ihre zutiefst demütigen Diener. Wir teilen einander unsere Gefühle nicht mit. Sie ist ein Spielzeug in Gefangenschaft, mehr nicht.

Vor ihrem Lieblingsfenster befindet sich ein Dach, von dem sie ein Abgrund trennt und das sie schon oft und lang betrachtet hat. Darauf laufen den ganzen Tag über freie Katzen herum. Sie kennen die Fenster ihrer Ergebenen, ihre Gewohnheiten, ihre Essenszeiten. Manchmal miaut Bibiche sie auf eine bestimmte Weise an und wendet dann jäh den Blick ab; man könnte meinen, sie hätte für diese bescheidenen Wesen nur Verachtung übrig, wenn Katzen etwas so Törichtes denn überhaupt empfänden. Einmal brachte eine dieser Katzen ihr Junges mit sich und spielte mit ihm. Liebe und mütterlicher Stolz glänzten in ihren Augen, doch Bibiche war ein Buch mit sieben Siegeln. Allein aus ihrer Haltung sprach ihr tiefer Kummer. Offensichtlich verspürte sie den Schmerz ihrer unerfüllten Mutterschaft.

Mademoiselle Bibiche ist sechs Jahre alt, befindet sich also etwa in ihrer Lebensmitte. Nach der Aufregung ihrer ersten Jahre hat sich ihre Leidenschaft gedämpft, an Intensität verloren und an Sanftheit gewonnen. Wenn sie doch einmal zum Vorschein kommt, mündet sie meist in einer Phase des mütterlichen Instinkts. Dann, und nur dann, wendet sie sich einem alten Ball zu, der vernachlässigt in einer Ecke liegt. Zur Essenszeit bringt sie ihn ihren Besitzern, miaut ausdrucksvoll, leidenschaftlich, geradezu gebieterisch, als wollte sie alle Aufmerksamkeit auf diesen Gegenstand lenken, der als Sinnbild ihres Kindes dient. Zuweilen bettet sie ihn auch auf eine weiche Unterlage und hält ihn dort behaglich zwischen den Pfoten. Welcher Unterschied besteht nun zwischen dem fast schon menschlichen Gesicht einer Katze, die ihre Jungen säugt, und jenem von Bibiche? Ihr fehlt die Prägung mütterlicher Liebe, welche die weibliche Schönheit und Kraft besiegelt.

Wird Bibiche sterben, bevor sie ihrer Spezies Tribut zollt? Wenn sie nicht eines Tages das Haus verlässt, ist das gut möglich. Ihre Besitzer befürchten, sie zu verlieren, und lieben sie auf egoistische Weise. Einer ihrer älteren Brüder hat von seiner Freiheit Gebrauch gemacht und starb an einer Vergiftung. Sie hingegen wird weiterhin ein behütetes Dasein fristen und weder die Freuden noch die Gefahren der Freiheit jemals kennenlernen.

TOTO

Die Katzen aus dem Kanton Waadt (am Genfersee gelegen) folgen den Kindern in die Berge, auf die Felder, in den Wald. Nicht wie übermütige Hunde, die immer wieder, Hunderte Male, vorauslaufen und zurückkehren, sondern vorsichtig, mit zurückhaltenden Schritten. Sie berühren den Boden kaum, vor allem morgens, damit der Tau nicht ihr Fell durchnässt. Die Katze folgt ihnen, bewahrt sich aber ihre Freiheit, sodass es scheint, als ginge sie ihres eigenen Weges. Auch etwas Sanftes, nahezu Wehklagendes behält sie sich. Ansonsten ist sie ruhig, meist ganz still, wie die kleinen Waadtländer, die behutsam und geräuschlos vorangehen.

Wenn ihr Herrchen sie hochhebt, um schneller voranzukommen, klammert sie sich zuweilen an seine Schulter, dann sieht sie aus wie ein kleines Murmeltier. Wenn sie so an ihm hängt, kann sie die Berge bezwingen, ohne müde zu werden. Die Katze fühlt sich sichtlich geborgen, wie ein Tier, das noch nie zuvor grob behandelt worden ist. Auch wenn man sie überrascht, erschrickt sie nicht und zeigt keinerlei Angst. Die Menschen sind ihre Freunde.

Die Katzen hier sind oft Findelkinder. Der anständige Waadtländer ist zwar sparsam, kennt aber auch Erbarmen und entschließt sich nicht immer dazu, die Jungen seiner Katze zu ertränken; doch es sind einfach zu viele hungrige Mäuler, und wie der Vater des kleinen Däumlings führt er die Kätzchen in den Wald, um sie dort auszusetzen. Er denkt sich, dass sie schon stark genug sind, die Bäume zu erklimmen, und dort oben, in den Wipfeln der Buchen und Tannen, viel mehr finden werden als in ihrem spärlich gefüllten Napf. Das denkt er sich, und ich glaube, dass er auch noch mehr denkt. Er ist nicht bösartig, und wie könnte er auch, wo er Gott doch so nah ist? Die Kätzchen sitzen in seiner Kiepe. Wortlos steigt der Waadtländer in die Berge, den Pfad entlang, der unzählige Serpentinen schlägt und so den steilen Hang bezwingt; so wie er stetig einen Fuß vor den anderen setzt, kehrt auch sein Geist immer wieder zurück zu demselben Gedanken. Gleichgültig lässt ihn all das nicht. Das wird deutlich, als er weit, sehr weit entfernt von seiner Hütte im Dickicht steht und den Horizont nicht mehr sieht, den Riemen von der Schulter und die Kiepe auf den Boden gleiten lässt und ein Kätzchen nach dem anderen herausnimmt. Zuerst küsst er sie, ein wenig schroff, ja, wie ein Bergbewohner, so ungeschliffen wie das Felsgestein, das ihn umgibt. Wie dem auch sei, seine groben Küsse fühlen sich gut an, innig und mit ganzem Herzen gibt er sich den Kätzchen hin.

Danach will er sie nicht in die Flucht jagen, klatscht nicht in die Hände, erhebt nicht die Stimme. So etwas tut ein Bergbewohner nicht. Er lässt sich nieder und beobachtet, was die Kätzchen nun tun. Hat er eine Kleinigkeit zu essen dabei, teilt er mit ihnen, als wollte er sich in aller Freundschaft von ihnen trennen. In so jungen Jahren sind Katzen noch keine meisterlichen Grapschpfötchen,* sie haben nur das Spiel im Sinn, dem sie sich mit Vergnügen widmen. Das Herrchen ist bei ihnen; es ist, als wären sie zu Hause, sie haben also nichts zu befürchten. So springen sie wild herum, krallen sich in die raue Rinde der Tannen, die guten Halt bietet, und klettern hinauf. Der Mann schaut ihnen nach, wartet auf den richtigen Moment und verschwindet dann zwischen den Bäumen.

Den Weg hinab legt er schnellen Schrittes zurück und dreht sich nicht um, denn er ist nicht entschlossen genug. Wenn sie ihm nun hinterherliefen, wenn nun ihre schwachen, klagenden Stimmchen nach ihm riefen, könnte er dann standhaft bleiben? Nein! Er darf sich nicht umsehen, nicht nachgeben ...

Doch als er den Fuß des Hangs erreicht und der Wald dort oben weit hinter ihm liegt, hält er es nicht mehr aus. Wie ein Luchs lässt er den Blick über den Pfad bis zum

---

* Anm. d. Ü.: Auch hier spielt die Autorin auf die Fabel »Die Katze, das Wiesel und das Kaninchen« von Jean de La Fontaine an.

Waldrand schweifen. Die weißen oder schwarzen Flecken, die er hinter sich befürchtet hatte, erspäht er nicht. Er geht nach Hause, die Sorgenfalten verlassen seine Stirn.

Aber wissen Sie, was er sich gedacht hat, bevor er den Entschluss fasste, die Katzen auszusetzen? Er dachte sich, dass er ja nicht der Einzige ist, der durch den Wald geht. Auch andere Menschen kommen dort vorbei, Frauen von Holzfällern, Witwen, und vor allem die alte Dame, die gern das tote Holz und die harzigen Tannenäste sammelt, die sie mühelos hinabtragen kann und auf denen im Winter fröhlich knisternde Flammen tanzen, so hell, dass sie sich nicht mehr einsam fühlt und keine Lampe vonnöten ist.

Diese Witwe hat kaum etwas zu geben, doch ihr Herz ist so reich! Sie lebt allein, arbeitet tüchtig und ist die Stille gewohnt ... Ihr kleines Zweigbündel knotet sie mit unsicherer Hand zusammen, weiß nicht, ob sie es ohne Hilfe schultern kann. Sie hat jedes Recht zu glauben, dass das Schicksal es nicht gut mit ihr meint, sich zurückzuziehen und sich nur ihrer selbst zu erbarmen. Doch auch wer nicht viel hat, will mit den Ärmsten seinen Reichtum teilen. In ihrem Herzen liegen so viele Schätze verborgen! Etwas streift sie, und sie blickt hinab – eine ausgewachsene Katze, die ausgesetzt wurde und dennoch wohlauf zu sein scheint. Sie ist so heiter, ihr Schwanz steht ab wie ein wunderschöner Federschmuck, sie macht einen Buckel und streift der Dame immer wieder glückselig um die mageren Beine! Sie begrüßt sie freudig, als träfe sie eine alte Freundin wieder. Die arme alte Dame kann nicht widerstehen, nimmt die Katze mit sich und ist von alldem ganz gerührt. Wie schön es doch ist, wenn man geliebt wird! Ja, ein wenig Selbstsucht schwingt dabei mit. Und wenn schon! Reiche Seelen genießen es, Gutes zu tun, ohne dafür etwas zu verlangen. Ganz eindeutig glaubt die Katze, der es im Wald an nichts mangelt, dass sich in einer Hütte ein angenehmeres Leben führen lässt. Die Katze fürchtet Morgentau und kalte Nächte. »Ja, ja, komm nur mit!«, sagt die freundliche alte Dame, schultert den Reisig, plötzlich behände wie ein junges Mädchen, und läuft den Hang hinab. Die Katze kann kaum mit ihr Schritt halten.

Das Herz einer Frau ist so gnädig, doch in diesem Land der Güte sind auch Kinder barmherzig. Viele von ihnen sorgen für die ausgesetzten Katzen, tragen sie den Berg hinab und betteln tränenüberströmt ihre Eltern an, wenn diese nicht nachgeben wollen. Katzen leben gern in der Scheune und halten ausgedehnte Schläfchen auf dem duftenden Heu, vergessen darüber aber nicht ihren Wald, wollen immer wieder dorthin zurückkehren. Daher begegnet man ihnen häufig auf den alpinen Pfaden; anders als unsere wilden, einzelgängerischen Katzen in Frankreich sind sie jedoch nie allein. Sieht man in den Bergen, abseits von allen Häusern, eine Katze, so kann man sicher sein, dass ein Kind oder eine Frau ganz in der Nähe ist: Ja, die Katze liebt die großen Bäume ihrer Kindheit, aber mehr noch liebt sie die Menschen, die sie dorthin begleiten.

Meine neueste Freundschaft habe ich vor Kurzem geschlossen, im letzten Sommer (1873), als wir einige Wochen in Bex verbrachten, einem Dorf im Kanton Waadt. Als ich Toto kennenlernte, war sie vielleicht zwei oder drei Wochen alt. Unter unserem Hotel befand sich ein Geschäft, aus dem oft eine winzig kleine, weiß-graue Katze herauskam (wie man sie häufiger sieht) – das silbrige Grau erinnerte an weichen Leinenstoff, den man lieber nicht zu lang in der prallen Sonne liegen lässt; dieses Grau verleiht dem Fellkleid eines Tieres so eine gewisse Feinheit, eine Zartheit, eine Zerbrechlichkeit.

Toto kam vom Land, wo die Menschen einen Wurf häufig bei sich behalten, jedoch weniger aus Güte denn aus Gleichgültigkeit: »Nun bist du also auf der Welt. Jetzt musst du selbst irgendwie zurechtkommen ...« Aber Toto schien zu Höherem berufen.

Noch vor ihrer Geburt hatte man sie in einem dieser gut besuchten Dorfgeschäfte anstellen wollen, in denen sich lauter Mäuse herumtreiben. Damit eine Katze die richtige Erziehung genießen kann, muss man sie schon im jungen Alter zu sich nehmen, wenn sie unerfahren ist und man ihr noch einiges beibringen kann, doch in ihrem Fall war es viel zu früh. Von der sanften Wärme und der guten, stets wohltemperierten Milch ihrer Mutter hatte man sie vorzeitig getrennt. Stattdessen stellte man ihr einen Napf mit kalter Milch hin, in der ein paar Klumpen Graubrot schwammen; den ganzen Tag über stand er in einer Ecke, sodass beim Fegen der Staub hineinwirbelte. Wenn sie nachts zu Bett gehen wollte, warteten auf sie nur ein grobes Stück Papier als Unterlage und die völlige Einsamkeit.

Zunächst jedoch fand sich Toto damit ab. Noch war sie nicht in dem Alter, in dem eine Trennung sie hätte traurig oder ängstlich machen können. Außerdem war sie in dem Geschäft sehr beliebt. Waadtländische Kinder sind Tieren nicht übel gesinnt. Im Geschäft lebte eine ganze Schar Kinder unterschiedlichen Alters: von der neunzehnjährigen Tochter, die die Rolle der Mutter übernahm (weil diese bereits gestorben war), bis zum Kleinsten, der gerade seine erste richtige Hose trug.

Das Kätzchen diente ihnen vermutlich nicht als Prügelknabe, sondern vielmehr als ständig verfügbares Spielzeug, was aber auf lange Sicht ebenso schädlich sein kann, wenn man nicht hinreichend Acht gibt. Toto, deren Nerven sich schneller entwickelten als ihre Körperkraft, reagierte wie die edleren Rassen auf diese stetigen Rufe, stürzte sich begeistert in zahllose Spiele, belustigte und erstaunte die Kinder mit ihren Kunststücken. Danach konnte sie nie zur Ruhe kommen. Wenn sie sich an den Zitzen ihrer Mutter reichlich mit Milch hätte versorgen können, hätte diese Anstrengung ihrer körperlichen Entwicklung nicht im Wege gestanden. Die kärgliche Ernährung mit der kalten Milch konnte ihren schwachen Magen aber nicht füllen. Allmählich verblasste das dunkle, lebhafte Blau ihrer Augen, ihre Bewegungen wurden langsamer, und sie sehnte sich nach Dunkelheit und Einsamkeit.

Toto hatte begriffen, dass das große Fräulein ihr jeden Morgen, wenn das Geschäft öffnete, das Futter brachte. Toto lief vor ihm her, miaute, krallte sich in sein Kleid und gab ihm zu verstehen, wie sehr der Hunger an ihr nagte. In den Morgenstunden steckten ungestüme, blindwütige Regungen in ihr. Sobald der Napf vor ihr stand, vergaß sie die Mühsal des Vortags, aß schnell und ohne hinzuschauen. Der Schlaf hatte ihr Stärke und neuen Schwung geschenkt. Doch im Laufe der nächsten Stunden verließen diese Kräfte sie wieder, und das jeden Tag früher, jeden Tag spürbarer. Wenn der Hunger sich erneut bemerkbar machte, schlich sie langsam zum Napf, blickte hinein, erinnerte sich, verspürte instinktiv Ekel, trat zurück, sah sich um, entdeckte ihr Frauchen, trippelte zu ihm und gab ein leises, jammerndes Miauen von sich, halb Wehklagen, halb Gebet. Da dieser Versuch keine Früchte trug, schleppte sie sich schließlich fort und versuchte, ihren Hunger mit Schlaf zu übertölpeln.

Bei vielen Bewohnern von Bex hält sich die Annahme hartnäckig, man dürfe Katzen auf keinen Fall mit Fleisch oder Ähnlichem füttern, sondern allein und ausschließlich mit Milch. Fleisch wird zugeschrieben, es verursache Seuchen, die im Ort häufig vorkommen und zuweilen innerhalb weniger Monate die Hälfte einer Spezies ausrotten.

Meinen Beobachtungen zufolge sollte man allerdings das genaue Gegenteil tun. Die Umgebung hier scheint mir nicht besonders gut dafür geeignet, Katzen großzuziehen. Die schöne Mulde von Bex, in der sich früher einmal einer der vielen Seen des Rhônetals befand, ist umgeben von hohen Bergen, die, wenn nicht gerade Sommer ist, die Dauer eines Tages merklich verkürzen. Von Oktober bis Ende April geht die Sonne spät auf und früh unter. Schwere Nebelschleier hängen in der Luft, ziehen sich über die Weiden, die einst ihre Wiege waren, ihr Reich; nur widerwillig verlassen sie schließlich einige Stunden lang das Tal.

»Jahr für Jahr bereitet es uns eine große Schwermut«, sagte mir die vornehme Frau des Pfarrers von Bex, »wenn der Herbst, diese allseits geliebte Jahreszeit, langsam über uns hereinfällt.« Man darf nicht aus dem sonnigen Süden kommen, wenn man sich daran gewöhnen, ja vielleicht sogar Gefallen daran finden möchte, wie die Undurchdringlichkeit der Luft alles umhüllt und das wenige vorhandene Licht bereits ab drei Uhr nachmittags schwindet. Trockene Kälte ist keineswegs schädlich für Katzen: Freudig brechen sie in Schnee und Frost zu nächtlichen Forschungsreisen in die Ferne auf. In der trockenen Luft lädt sich ihr Fell elektrisch auf, bringt rasch von außen nach innen fließenden Strom in Umlauf, und dieses Feuer hält sie am Leben. Doch der Nebel durchnässt und bedrückt sie, schließt ihre Poren oder lässt sie träge werden; dagegen können sie nur mit einer inneren Stärke ankämpfen, die einzig eine kräftige Durchblutung gewährleistet. Wie alle Katzen sind auch jene aus Bex Fleischfresser, doch das scheint man hier stets zu vergessen; da sie nur Milch bekommen, können sie kaum stark genug werden, um Krankheiten abzuwehren oder Feinde zu bekämpfen. Das erkennt man bereits an ihrem Fell. Als ich zum ersten Mal in das Dorf kam, musste ich die Katzen nur anschauen und verstand sofort, dass sie dort unter widrigen Umständen leben, vielleicht wegen des Klimas? Dieses Fell sieht aus wie schlecht gepflegte Kleidung; nicht völlig zerfetzt, aber an manchen Stellen löchrig, sodass man sieht, was darunter liegt. Man könnte sogar meinen, dass ihr Fell hie und da angesengt ist; im Frühling erholt es sich, doch ihm fehlt das, was eigentlich seine Schönheit ausmacht und ihm sein gesundes Aussehen verleiht: Die längeren Haare, die über die anderen hinausragen und dem Fell seine Dichte und seine Tiefe verleihen, das, was Kürschner als »Leithaare« bezeichnen, die, wenn man so will, wie Schnee auf dem Fell liegen und wie Magneten sind.

Vor allem die Weibchen bieten diesen bedürftigen Anblick, weil sie erschöpft sind von der Mutterschaft. Mit ihrer Gewohnheit, an zurückgezogenen Orten zu werfen, ganz weit hinten in der Scheune zum Beispiel, sorgen Muttertiere dafür, dass der ganze Wurf überlebt. Erst nach drei Wochen sieht man an den Dachgauben plötzlich drei oder vier kleine Gesichter, die neugierig und ängstlich das erste Mal die Welt erblicken. Man möge sich einmal die Erschöpfung der armen Mutter vorstellen. Vielleicht kann sie in der Scheune einige Mäuse fangen, doch das reicht nicht aus, denn Mäuse sind kein besonders gutes Futter, das weiß die Katze nur allzu gut.

Die Katzen aus den Hotels protestieren gegen die Nahrung, die man ihnen verabreicht: Sie schleichen sich in die Küchen und suchen nach vergessenen Resten, und das nicht etwa für sich selbst, sondern für ihre Jungen. Die Muttermilch reicht nicht mehr oder wird nicht mehr gebildet, denn Katzen geht immer genau dann die Milch aus, wenn ihre Jungen gerade kräftig genug sind, feste Nahrung zu sich zu nehmen.

Derartige Bemühungen, auf die keine hinreichende Genesung folgt, scheinen all das zunächst zu erklären, denn Kater sehen ganz anders aus als Katzen: Nicht nur tragen sie ein prächtigeres Fellkleid, sie sind auch weitaus wohlgeformter. Diese Herren machen sich keine

Umstände und gehen nicht ins Café, wie es in ärmeren Ehen häufig der Fall ist, sondern sie behalten die besten Stücke von allem, was sie erwischen, für sich. Die Vaterschaft verlangt ihnen kaum etwas ab. Sie sind wahre Domherren, die schon bald die Leibesfülle ihres Standes annehmen. Ausgerüstet mit einer dicken Fettschicht und gehüllt in einen guten Regenmantel können sie weitestgehend gefahrlos in die finstere Welt des Nebels aufbrechen. Ihre Ehefrauen hingegen, blutarm, allzu empfindlich, frierend und furchtsam, geben sich im Winter lieber mit den kleinsten Bröckchen zufrieden, als selbst hinaus in die schneidende, feuchte Kälte zu ziehen. Sie können gar nicht nah genug am Ofen sitzen; manchmal lassen sie sich sogar auf seiner glühend heißen Oberseite nieder und versuchen, die Wärme wiederzugewinnen, die sie Tag für Tag mehr verlässt.

Aber ich schweife ab. Toto, das kleine, zarte Kätzchen, hätte in ihren ersten Monaten viel Pflege gebraucht. An streichelnden Händen mangelte es ihr nicht, aber das ist natürlich nicht genug. Wir waren über dem Geschäft untergebracht. Unter dem Vorwand, dies oder jenes einkaufen zu wollen, ging ich jeden Tag hinab, sah mich ein wenig um und brachte ihr etwas zu essen mit, worüber sie sich natürlich freute. Im Nu war der Happen verschwunden, die ausgehungerte Katze hätte auch Mengen gegessen, die ihre Größe überstiegen. Mir war bewusst, dass es schädlich für sie sein musste, abwechselnd zu fasten und so viel auf einmal zu essen. Die unbändigen Kinder, denen es ganz und gar nicht gefiel, wenn Toto schläfrig herumlag und keine Lust hatte zu spielen, sowie die Kälte und die Feuchtigkeit im Laden taten ihr Übriges. Toto kam einfach nicht zu Kräften.

Gleich und Gleich gesellt sich gern, und deshalb konnte die ganze junge Familie, die vor Leben nur so strotzte, eine solche Gebrechlichkeit nicht verstehen. Zunächst hatten die Kinder immer wieder versucht, sich der Katze freundlich anzunähern, doch schon bald missachteten sie Toto, da sie auf nichts mehr reagierte. Und genau das zog mich an. Die arme Toto war bereits so schwach, dass ihre Stimme nicht mehr zu hören war. Dadurch jedoch wurden all ihre Bewegungen umso ausdrucksvoller, wenn sie flehend mit ihren von der Magerkeit vergrößerten Augen nach der kleinen Suppenschüssel bettelte, in der das ersehnte Stückchen Futter lag.

Ein heftiges Gewitter hatte die ganze Nacht hindurch gewütet, und am Tag darauf fand ich das arme, kranke Kätzchen an der Schwelle zum Tod: Sie konnte keinerlei Nahrung mehr bei sich behalten. Widerstandslos ließ sie sich herumtragen, döste auf einem Stuhl, und immer wieder durchfuhren sie krampfhafte Zuckungen. Wahrscheinlich hatte das nächtliche Donnergrollen ihr Leben durcheinandergebracht, wie es schon einmal passieren kann, wenn bei einer ausgeprägten Gebrechlichkeit die Nerven ihre Kraft bewahren wollen oder sogar überstrapaziert werden. Wie sehr mich die Vorstellung doch reizte, Toto mitzunehmen und sie in meinem ruhigen Zimmer schön warmzuhalten! Einige Male hatte ich bereits versucht, dies anzusprechen, doch die älteste Tochter hatte das jedes Mal als Kränkung aufgefasst, als hätte ich mit diesem Vorschlag stillschweigend meine Missbilligung zum Ausdruck gebracht.

Ich muss zugeben, dass ich mich auch davor fürchtete, Toto langsam sterben zu sehen. In ihren letzten Momenten kämpfen und widersetzen sich Katzen auf eine geradezu menschliche Weise, mit einer Art Entsetzen und einem genauen Verständnis, könnte man meinen. Das ist bei einem Tier, dessen Nerven so geschärft sind, auch kein Wunder.

Als wir noch am selben Abend das Haus verließen, sahen wir Toto wieder: Sie saß in einer Abflussrinne, ganz zusammengekauert, als wollte sie etwas festhalten, das ihr langsam entglitt – Wärme, oder das Leben. Das Sonnenlicht fiel schräg auf diese Abflussrinne, und deshalb hatte sich Toto dorthin geschleppt. Vermutlich hatte sie den vagen Instinkt verspürt, in der Wärme länger leben zu können, auch wenn sie schon völlig ausgehungert war. Doch sie war bereits so schwach, dass sie das Licht selbst mit geschlossenen Lidern nicht mehr aushielt und ihm den Rücken zuwenden musste – ein

Zeichen der Selbstaufgabe und der Nachlässigkeit. Somit ließ sie alle Vorsicht fahren, schließlich konnte sie jetzt nicht mehr sehen, ob sich Gefahr näherte.

Nun kam es, dass zwei völlig ungezügelte große Jagdhunde auf sie zuhetzten, wie sie das nun einmal tun, wenn man sie aus dem Zwinger lässt. In diesem geradezu benommenen Zustand erkennen sie in jeder Bewegung eine Beute, sogar in einem Blatt, das der Wind aufwirbelt.

Toto regte sich kaum, doch ihr helles Fell verriet sie. Wir standen vor ihr, schauten sie an, riefen sie zu uns und lasen aus ihrer Haltung ab, dass dies das Ende war. Auf keinen Fall hätten wir es gewagt, sie zu berühren, sie hätte ja erzittern oder hochschrecken können! Doch die Hunde hatten sich in zwei Sätzen auf sie gestürzt. Ein tragischer Anblick. Toto drehte sich um, wie ein Wesen, das unserer Welt bereits abhandengekommen war, und öffnete im Sonnenlicht die Augen, die so einzigartig und seltsam blass waren wie Schmelzwasser in einem Gebirgsbach.

Von der Winzigkeit ihres Körpers war keine Spur mehr übrig; wir glaubten, dass sich vor uns ein Gespenst erhob, nicht aggressiv wie jemand, der zugleich angreifen und sich verteidigen will, sondern in der abrupten Bewegung bereits versteifter, erfrorener Glieder. Der Tod persönlich zeigte hier sein Antlitz, schien vorwurfsvoll zu rufen: »Was wollt ihr von mir?«

Wir verscheuchten die Hunde, während eine Dame in einer reizenden, mütterlichen Geste ihren Mantel abnahm und das Kätzchen damit zudeckte.

Ich zögerte keinen Moment länger und nahm Toto mit zu mir. Wenn sie schon sterben musste, dann sollten ihre letzten Stunden zumindest nicht von Grauen erfüllt sein.

Kaum hatte ich sie auf dem weichen Sofa abgesetzt, ließ sie sich darauf fallen, als wollte sie ihren Körper ganz und gar vergessen. Dabei war er doch ohnehin schon so leicht!

Die Nacht brach an und die Stunden verstrichen, doch sie regte sich nicht. Aus ihrem dünnen Fell stieg keinerlei Wärme mehr hervor. Zuerst einmal musste ich ihr wieder ein wenig Leben einhauchen. Ich rollte eine schöne weiche Decke zusammen und legte meine Wärmflasche darunter. Das war besser als ein Bett: ein ganz kleines Nest, das nahezu die ganze Nacht lang Wärme ausstrahlen und für sie bündeln würde.

Etwas weniger beunruhigt ging ich zu Bett. Doch schon im Morgengrauen stand ich auf, um nach Toto zu sehen. Sie schlief. Ganz leise rief ich ihren Namen. Sie hob das Köpfchen, erblickte mein Gesicht und streckte ihre weißen Pfoten aus, als wollte sie mich umarmen, mich zu sich ziehen. Was für eine angenehme Überraschung! Obwohl sie noch nichts gegessen hatte, schien durch die schonende Wärme das Leben in ihr wiederzuerwachen, und damit auch das Gefühl dafür, dass jemand sie in seine Obhut genommen hatte. Sie schien gerührt und dankbar.

Herzensdinge sind niemals klein. Gefühle empfindet man desto intensiver, je mehr man von ihnen überrascht wird. Beobachtet man bei Tieren eine unerwartete, fast menschliche Geste von ausgesuchter Feinfühligkeit, ist das zugleich begeisternd und verstörend. Eine wahre Offenbarung. Bei ihrem Anblick kam eine Erinnerung in mir hoch: das Bild des kleinen Joas!

Glücklich und in dem Glauben, sie gerettet zu haben, schlief ich wieder ein. Sie bekam Hunger, wandte sich an mich und trank genüsslich die warme Milch, doch schon bald sah ich an ihrer traurigen Miene, dass sie große Schwierigkeiten bei der Verdauung hatte. Ich versuchte es mit etwas Fleisch, doch ebenfalls ohne Erfolg. Die Magensäfte der armen, zerrütteten Katze schienen versiegt. Dass sie überhaupt noch Appetit hatte, war der einzige Lichtblick. Zweimal in der Stunde flößte ich ihr also geduldig ein Löffelchen Milch ein, gemischt mit etwas Fleischbrühe, und setzte mich mit meiner kranken Toto in den Garten, damit sie vorsichtig ein wenig frische Luft und Sonnenlicht genießen konnte.

Als der Abend anbrach, hatte Toto deutliche Fortschritte gemacht. Noch immer kam sie nur wankend auf die Beine, doch ihr Blick erwachte allmählich. Prüfend ging sie durch ihr neues Heim, sah mich an und miaute mit einer reizenden Sanftheit. Sie war glücklich. Die tiefe Freude darüber, eine Krankheit in die Knie gezwungen zu haben, kennen nur jene, die das selbst schon einmal geschafft haben. Wie ermutigend es doch ist, wenn man vor dieser unbefangenen Natur, zu der das Leben ebenso gehört wie der Tod, das eigene Wohlbefinden bewahrt und verteidigt! Der Glaube an die Kraft ist zugleich ihre Quelle. Das habe ich in all der Mühsal meines Lebens deutlich gespürt, und dank Gott bin ich stets siegreich daraus hervorgegangen.

So kehrte das Leben in Totos Körper zurück, langsam und mit Rückfällen allerdings, wenn die Pflegerin schwach wurde vor ihrer Patientin, die immer begieriger wurde. Dieses Auf und Ab erstaunte mich nicht mehr, und es hatte seinen Preis, denn es band mich noch stärker an meine Schülerin, indem es mir ihr Leben und ihre Klugheit vor Augen führte, und tausendfach ihre rührende Anmut, die kleine, gesunde Katzen nicht allzu oft zeigen. Ihnen steht der Sinn meist eher nach ausgelassenen Spielen und weniger nach Streicheln und Zuneigung. Diese Anmut gewinnt eine Katze erst mit einer gewissen körperlichen Wehmut, die die Berührung sucht und gestreichelt werden, dies aber auch erwidern will. Auch als Toto einmal vollkommen genesen war, hatte sie die Spuren ihres Leids nicht gänzlich abgeschüttelt.

Sie war noch immer mager. Unter ihrem Fellkleid, das allmählich dichter wurde, war die Schwäche ihrer Muskeln deutlich zu sehen. Auch ihre Knochen hatten sich nicht verhärtet; wenn sie sich zu abrupt bewegte, knickte sie ein. Ihre Magerkeit war alles andere als grazil; sie erinnerte sehr an die Schlankheit eines gelenkigen, gewandten und leichtfüßigen, aber auch hässlichen Affen, der auf vier Händen läuft. Dieser Eindruck war vollkommen, wenn Toto auf ihren dünnen Beinchen umherstakste, ihre lange Wirbelsäule ausstreckte und das Hinterteil hob. Ich wünschte mir, ihre Gestalt möge einige Rundungen bekommen. Doch was ihre Bewegungen so ungelenk wirken ließ, verlieh ihr, wenn sie sich ausruhte, eine besonders rührende Anmut, eine, die von innen heraus kommt, immer wieder anders aussieht und voller reizender und ergreifender Überraschungen steckt, die ganz plötzlich hervorbrechen und zu begeistern wissen.

Es heißt manchmal, dass eine gut genährte Katze aus reinem Eigennutz die Nähe eines Menschen sucht. Dieser Meinung bin ich ganz und gar nicht, aber ich denke doch, dass Katzen dabei eine Art Befriedigung verspüren und in ihrer Anhänglichkeit auch ein gewisser Genuss steckt. Darauf reagieren wir Menschen schließlich mit ebenso großem Vergnügen. Die Berührung des weichen, elektrischen Fells stellt für uns ebenfalls eine Wonne dar; auf unseren Händen spüren wir es geradezu wie eine

Flüssigkeit, die sich ausgebreitet hat und nicht verdunstet. Doch bei Toto war das ganz anders. Hier war es die Katze, die zum Überleben durch und durch abhängig war – wovon? Von diesen Unsicherheiten, den Ängsten und dem vagen Unwohlsein, das sie ergreift, wenn ihr die Kräfte fehlen, wenn ihre Nerven noch empfindlicher und schärfer werden, ohne dass dafür genügend Blut vorhanden wäre. So entsteht ein Überfluss an Empfindsamkeit.

Und empfindsam war Toto zur Genüge. Einsamkeit, diese Versuchung aller Katzen, war ihr zuwider, und sie spielte auch nicht gern allein. Wenn wir sie glücklich machen wollten, mussten wir sie ganz und gar als Teil unseres Lebens begreifen. Jedes Mal, wenn ich das Zimmer betrat, kam sie freudig auf mich zugerannt und begrüßte mich. Auch wenn mein Mann da war und mit großer Lust mit ihr spielte, fiel ihr meine Abwesenheit auf, und wenn sie mich wiedersah, war sie gleich in Hochstimmung. Aber die schönsten Momente waren jene, in denen wir eine Art stumme Unterhaltung führten. Meine Daunendecke hatte sie zu ihrem Eigentum erklärt. Sie vergrub sich darin. Wenn ich näherkam, erhob sie sich, setzte sich gewissermaßen hin, schaute mich an, streckte wie am Tag ihrer Ankunft die Pfoten nach mir aus und streichelte mir mit ihren sanften Händchen durchs Gesicht. Manchmal erlag sie der Versuchung, mich ein bisschen zu beißen, aber sie tat es so leicht, dass sie mir damit offenbar nur noch nachdrücklicher ihre Zuneigung beweisen wollte. Für mich gab es nichts Eleganteres als diese kindlichen Zärtlichkeiten. Sie war wie ein Kind, das Schlimmes durchlebt hat, noch nicht allzu kräftig ist und sich leicht zu Tränen rühren lässt. Man möge mir diese Bemerkung verzeihen, aber ein Kind hätte vermutlich nicht so kunstfertig alle Feinheiten der leidenden Anmut vorführen können.

Toto war zwar eine liebe Katze, wurde aber auch langsam frech. Da sie ohne uns nichts unternehmen konnte, nutzte sie, wenn ihr nach Spielen zumute war, meist uns als Spielzeug. Die schönen, seidigen, strahlenden, weißen Haare meines Mannes hatten es ihr angetan. Am liebsten hätte sie ihn nach Lust und Laune gebürstet. Wenn mein Mann mit dem Kopf an der Rückenlehne auf dem Sofa saß, lief sie zu ihm und kletterte ganz leise hinauf; sie wurde wieder zum Affen, schlängelte sich heimlich in seine Nähe, setzte sich neben seinen Kopf, krümmte ein Vorderbein, fuhr die Krallen aus und kämmte ihm zwei- oder dreimal rasch durchs Haar, als wollte sie die Vorzüge seines dichten Schopfes besser zur Geltung bringen.

Diese kleine Frechheit konnte mein Mann jedoch nicht gutheißen, und mit einiger Härte in der Stimme hielt er die Künstlerin von ihrer Arbeit ab: »Das reicht, Toto, hör auf damit.« Das verstand Toto selbstverständlich, und da erwachte ihre Verschmitztheit. Sie lief fort, kam aber schon bald wieder zurück. Stand ein Stuhl in der Nähe, versteckte sie sich darunter und lugte ab und zu vorsichtig hervor, um zu sehen, ob ihr Herrchen schon wieder in sein Buch vertieft war. Das war der richtige Moment: Noch immer völlig geräuschlos stürzte sie aus ihrem Versteck hervor. Diese Gelegenheit durfte sie nicht verpassen, darin bestand kein Zweifel. Ihre komischen, heiteren Gesten sagten: »Ich will dich doch nur kämmen!« Dieses Spiel hatte ich am liebsten.

Unter Totos kleinen Dreistigkeiten war aber auch zu erkennen, dass mein Mann ihr in all seiner Ernsthaftigkeit gehörig Ehrfurcht einflößte. Sie wagte es nicht, frei herumzutollen, wenn sie den Blick ihres Herrchens auf sich spürte. Doch bei ihrem Frauchen konnte sie ganz unbekümmert sein. In dieser Hinsicht war Toto ebenso klarsichtig wie ein Kind, dessen empfindliche Sinne allzu früh sein Urteilsvermögen schärfen. Während ich sie liebevoll umsorgte, wurde ihr bewusst, dass in mir der Wunsch schlummerte, sie möge, auf welche Weise auch immer, wieder zu Kräften kommen. Sie stürzte sich nicht etwa auf die schweren, regungslos herumstehenden Möbel, sondern vielmehr auf Dinge, die ich mit den Händen sozusagen zum Leben erweckte. Auf den ersten Blick hätte man meinen können, dass sie mich nachahmen und ebenfalls ein wenig aufräumen wollte, aber es steckte noch mehr dahinter: Manchmal wollte sie mir eindeutig vermitteln, ich solle mich in Acht nehmen, oder sie wollte mich dazu bringen, mich auf meinem Stuhl etwas zu bewegen oder sogar aufzustehen, wenn vermeintlich Gefahr lauerte.

Meine Stimme hatte allerdings durchaus ihre Wirkung. Ich nahm den Tonfall ihres Herrchens an, bemühte mich, ernst zu klingen, und sprach nur ein einziges Wort der Warnung: »Toto!« Toto blieb auf der Stelle stehen und schaute mir in die Augen. Mahnend hob ich den Zeigefinger; mein Blick hielt sie drohend fest, doch diese Geste löste etwas ganz anderes bei ihr aus. Die schwache Spur des Teufels, die sich bei allen Katzen irgendwo verbirgt, erwachte zum Leben, geschärft von ihrer weiblichen Frühreife. Ihre Pupillen verloren ihre Starrheit und rollten langsam und eigenartig hin und her. Toto erwog, irgendwie ihre Unabhängigkeit und ihren Ungehorsam unter Beweis zu stellen. Dieser Ungehorsam war nicht bösartig, sondern vielmehr komisch. Das Menuettspiel, mit dem Katzen ihre Gleichgültigkeit zum Ausdruck bringen, schmückte Toto mit einer improvisierten Choreographie: Sie zog ihre Pfoten aneinander und verließ rennend das Parkett, auf dem ihre Leichtfertigkeit nicht standhielt.

Wir konnten Toto nicht mit in die Berge nehmen, denn dort wollten wir in einem Hotel voller Hunde übernachten. Wir mussten also bereits im Voraus über eine neue Bleibe für sie nachdenken.

Umso entschlossener musste ich denn auch ihre Erziehung in die Hand nehmen, damit ihre neuen Besitzer schon bei der ersten Begegnung sahen, dass sie nicht so wie andere Katzen war, sondern sehr vornehm, eine Art Vorzeigefräulein ihrer Spezies. Während Toto mehr und mehr zu Kräften kam, musste ich folglich etwas strenger mit ihr umgehen und sie zuweilen bestrafen, wenn sie unter ihrer kindlichen Überschwänglichkeit zu aufsässig wurde.

Tiere wissen ganz genau, wann sie etwas falsch machen, und hegen daher nach einer gerechten Bestrafung keinen Groll. Die Erziehung sorgt auch für ein besseres Gedächtnis. Eine Katze, die etwas angestellt hat, wird beunruhigt all Ihren Bewegungen und vor allem Ihrem Blick folgen. Sie erwartet eine Bestrafung. Seien Sie streng, aber nicht grausam, und schon bald wird sie sich Ihnen wieder ebenso lieb und vertrauensvoll zuwenden wie zuvor.

Das habe ich mit meiner wilden Tigrine erlebt, die zwar leidenschaftlich war, aber wenig anschmiegsam. Zwei- oder dreimal brach eine schlechte Angewohnheit aus ihr hervor. Es widerstrebte mir sehr, sie zu schlagen. Ich hatte einen besseren Einfall, und so band ich sie an der Stelle ihrer Missetat fest. Wachsam setzte ich mich neben sie, damit kein Unglück geschah, und hielt sie fest, gab ihr mit meiner tiefen, traurigen, beherrschten Stimme zu verstehen, dass sie etwas Schlimmes getan hatte und nun hierbleiben und ihre Strafe erleiden musste. Diese neue Art der Züchtigung erfüllte sie mit Furcht. Jede ihrer Bewegungen zeigte mir, wie gefährlich das war. Mit vor Angst ganz geweiteten Augen miaute sie dumpf. Davon ließ ich mich nicht erweichen, auch wenn ich mich sehr überwinden musste. Sie wirkte wie ein verschrecktes, flehendes Kind. Dieser Eindruck verstärkte sich noch, als sie einen rauen, von finsterem Schmerz durchdrungenen Schrei von sich gab, sich losreißen wollte und dann, um sich nicht zu erdrosseln, auf meinem Schoß Zuflucht suchte. Seit diesem Erlebnis musste ich sie nur zurück in diese Ecke tragen, und schon rannte sie klagend davon.

Toto jedoch war noch immer so schwach, dass ich befürchtete, sie könnte auf diese Weise vor Angst umkommen. Sie bestrafte ich also nur, indem ich ihr Dinge vorenthielt. Mehr als alles andere auf der Welt liebte sie es, an meinem Leben teilzuhaben. Diese Freude nahm ich ihr, indem ich sie zwischen Fenster und Fensterladen einsperrte. Ich zog die Vorhänge beiseite, damit sie gut sehen konnte, was im Zimmer vor sich ging. Dann räumte ich mit ungewohntem Schwung auf. Toto hielt es nicht aus: Wie ein kleiner Löwe in seinem Käfig lief sie aufgeregt hin und her, kratzte an den Scheiben und miaute ungeduldig, damit ich sie befreite. Während ihres empörten Aufstands stellte ich mich taub und blind. Doch als sich auf ihrem mageren Gesichtchen der

Kummer abzeichnete und sie zu wehklagen begann, erhörte ich ihr Bitten schließlich und öffnete das Fenster. Toto sprang auf meine Arme, streichelte mich herzlich mit ihren Vorderpfoten und leckte mir wie ein kleiner Hund durchs Gesicht.

All diese Details mögen Ihnen vielleicht albern vorkommen ... aber zu Unrecht. Wir nehmen die Tiere sicher nicht bei uns auf, um uns ständig schlecht zu fühlen, uns zu langweilen und zu beschweren, sondern weil sie unsere Mitbewohner und Freunde werden sollen, und deshalb ist in Hinblick auf ihre Erziehung ganz und gar nichts gleichgültig. Wenn wir die Tiere großziehen, sind wir verantwortlich für ihr Glück und lindern ihre Knechtschaft. Ein Tier, das keine seiner Taten als lästig empfindet, wird denken, es sei völlig frei. Umso mehr bindet es sich an uns Menschen, denn wir schenken ihm nichts als die Wohltaten der Freundschaft.

Der Gerechtigkeit halber sage ich Folgendes: Toto tat kaum jemals etwas Verwerfliches. Diebstahl und Hinterhalt waren ihr fremd, und auch ihre obersten Pflichten vergaß sie nie. Hin und wieder jedoch ergriff der Übermut von ihr Besitz. Eine Welle schien sie jäh zu überkommen und sie mit einer unbestimmbaren Trunkenheit zu erfüllen, unter der sie nichts mehr hörte oder verstand. Dieses eigenartige Verhalten stand in starkem Gegensatz zu ihrer gewohnten Sanftheit und dem, was uns an ihr besonders berührte, nämlich der leidenden Anmut eines schwachen Lebewesens, das noch immer langsam und kläglich zu Kräften kam.

Trotz ihres blassen Fells, das sie noch unschuldiger aussehen ließ, hätte sich Toto vor einem mittelalterlichen Tribunal wegen ihres Gebarens sicher in großer Gefahr befunden. Doch sie hatte Glück, denn ihr Tribunal war das Herz einer Frau, und die sieht oder erahnt so einige Dinge, die Männer niemals verstehen können. Während ihrer ersten Tage hatte Toto ein solches Leid erfahren, dass sich ihre Gesundheit nicht stetig verbessern konnte. Noch immer hatte sie zu kämpfen und war wacklig auf den Beinen.

Wer von uns Menschen hat sich während einer Genesung noch nie machtlos und unfähig gefühlt, das mysteriöse Wirken zweier Naturen zu bezwingen, deren Kampf uns mal einiges abverlangt und uns lähmt, mal überreizt und ebenjene eigenartige, vorübergehende Trunkenheit in uns auslöst? Das Blut fließt nicht ruhig und regelmäßig wie ein Fluss zwischen zwei Ufern, sondern strömt wie ein Sturzbach ins Gehirn und sammelt sich in den Gliedmaßen. Man fühlt sich wie elektrisiert, stärker als der stärkste Mensch; doch wenn das Blut, das noch immer voller Krankheit steckt, derart hochkocht, dann vernebelt sich der Geist, und das klare Bewusstsein ist nicht mehr da, kann die Bewegungen nicht mehr steuern.

Bestrafung musste zwar hin und wieder sein, doch auch die Pflege durften wir nicht vernachlässigen. Dazu brauchte es frische Luft, Sonnenlicht und auch gewisse Regeln. Manchmal war Toto noch immer kränklich. Ich nahm sie in die Arme, sie schmiegte sich vertrauensvoll an mich, und dann trug ich sie hinaus zu den Feldern. Erst draußen wurde deutlich, wie schwach sie eigentlich war. Sie war äußerst zaghaft und zitterte schon beim leisesten Geräusch. Ihre Jagdinstinkte waren noch nicht erwacht. Insekten konnten sorglos um uns herumsummen, Vögel tief und frei durch die Lüfte fliegen. Vom Licht geblendet starrte Toto unsicher geradeaus, die Augen ganz blass. Die Sonne am Himmel betäubte sie. Langsam kam sie zwischen den Wäldern aus ungemähtem Gras hindurch zu mir in den Schatten. In der milden Luft des Halbdunkels kam sie zur Ruhe und schien mir etwas lebendiger. Doch die Natur war für sie noch immer eine unbekannte Welt. Ihre Neugier erwachte nur zögerlich. Ihr Frauchen, mit dem sie doch schon so viele gemeinsame Stunden verbracht hatte, interessierte sie mehr als alles andere hier draußen. Anstatt die Büsche zu beschnuppern, was Katzen doch so gern tun, setzte sie sich lieber auf den Saum meines Kleids. Dann und wann löste sie sich aus ihrer konzentrierten Reglosigkeit, drehte sich rasch um und schaute mich an, als wollte sie sagen: »Schön, du bist noch da.« Manchmal wollte ich sie auf die Probe stellen, indem ich ein paar

Schritte fortging oder mich hinter einem Baum verbarg und sie zu mir rief. Toto war ganz überrascht, dass sie mich nicht mehr sehen konnte, und lauschte beunruhigt, woher meine Stimme wohl kam. Wenn sie sich nicht sicher war, stieß sie das klagende Miauen einer Katze aus, die sich verirrt hat. Ich trat ein wenig aus meinem Versteck hervor und rief sie erneut. Wenn sie mich nun sah, kam sie pfeilschnell auf mich zugerannt. Mit aller Kraft und voller Leidenschaft sprang sie über das hohe Gras. An meinen Füßen kam sie zum Stehen, völlig außer Atem und gleichermaßen überschwemmt von Angst und Freude.

Nichts rührte uns mehr, nichts ließ uns mehr für sie empfinden als ihre Abhängigkeit von uns, die einherging mit ihrer Gewissheit, bei uns Zuflucht finden zu können. Umso mehr sollte es uns schmerzen, sie zu verlassen. Als sie etwas kräftiger war, lief sie mir hinterher und erklomm den Hügel, an dessen Fuße ich Blumen pflückte. Die Bewohner von Bex hatten sich bereits an den Anblick von Madame Michelet und ihrer Katze gewöhnt, die ihr folgte wie ein Hund, und alle Gäste des Hotels, alle Menschen in der Nähe interessierten sich für uns, sorgten sich geradezu und wollten wissen, ob Toto mich zu meinem einsamen Spaziergang begleite.

Abends jedoch konnten wir sie nicht mitnehmen und durch das ganze Dorf führen. Dann zogen wir es vor, sie an meinem Fenster etwas frische Luft schnappen zu lassen; darunter befand sich ein Flachdach, das sie vor Gefahren schützte. Traurig sah sie uns nach, wenn wir gingen. Und ebenso traurig blickte ich heimlich an der Straßenecke zu ihr hoch. Schlussendlich fand sie sich mit unserer Abwesenheit ab, und wir waren ja auch nie lang weg. Sie hatte ein besonders gutes Zeitgefühl. Eine Stunde lang wartete sie auf uns, und sobald diese verstrichen war, schaute sie abwechselnd hinab auf die Straße, auf der wir verschwunden waren, und auf den Türrahmen, in dem wir jeden Moment wieder erscheinen konnten. Besonders weit sehen konnte sie nicht. Meist hörte sie mich, bevor sie mich sah: »Meine Toto!« Toto erhob sich rasch und stellte die Ohren auf. Kaum hatte sie uns erblickt, setzte sie dort oben am Fenster des zweiten Stocks zum Sprung an. Jedes Mal hatte mein Mann Angst, dass sie tatsächlich springen würde, und bat mich inständig, zu schweigen. Doch ich empfand es als wunderbar, dass ich so viel Platz in ihrem kleinen Herzen einnahm! Zwar warf ich es mir selbst vor, beherrschen konnte ich mich aber auch nicht.

Zur Begrüßung gab ich Toto ein wenig kühle Milch, denn sie war besonders feinfühlig: Unmöglich hätte ich sie täuschen oder sie glauben lassen können, dass die morgendliche Milch ebenso gut war wie jene, die ich ihr abends gab. Wenn das Zimmermädchen sich Zeit ließ, wartete sie lieber oder verzichtete gleich ganz darauf (das geschah allerdings nur selten). Die Milch ist angerichtet. So ergeben, wie sie dort hockt und sacht ihre Mahlzeit genießt, könnte man fast meinen, sie wolle ihrer Frömmigkeit Ausdruck verleihen. Sie trinkt ohne jede Gier und lässt sogar etwas übrig. Juninächte sind nicht lang, und im Morgengrauen trippelt Toto leise zurück zu ihrem Napf, um die restliche Milch zu frühstücken.

Wenngleich sie nicht alles ausgetrunken hat, wird sie ein wenig behäbig. Ob sie wohl einschläft? Keineswegs. Das Sofa ist breit und bietet genau drei Plätze: Der mittlere steht Toto zu. Sie setzt sich eher, als dass sie sich hinlegt, schmiegt sich ein wenig an ihr Frauchen, und ich spüre immer wieder eine kleine Samtpfote an meiner Hand. Damit will sie mir sagen: »Ich bin auch noch da. Streichle mich ein bisschen!«

Das Herrchen zieht sich bald zurück. Toto und ich sind allein. Ich begebe mich an die Arbeit oder lese ein Buch. »Toto, Kinder müssen um diese Zeit zu Bett gehen, mach doch die Augen zu.« Aber Toto möchte wach bleiben, solange auch ihr Frauchen noch nicht schläft.

An diesem Abend mache ich kein Licht. Der Mond, der in der Schweiz nachts so wunderschön leuchtet, wird bald über die Gipfel der Dent de Morcles ziehen, und das möchte ich um keinen Preis verpassen. Ich lasse mich auf meinem Klappstuhl nieder und schaue gespannt in den Himmel. Nichts bezaubert mich mehr als das geheimnisvolle Zwiegespräch der langen, blassen Lichtstrahlen und der tiefen, dunklen Schatten. Von meinem Platz aus erahne ich nur die ätherischen Schemen des Himmels und die majestätischen Gipfel. Dort, der Mond! Ganz langsam kommt er hinter dem Gebirgskamm zum Vorschein, bis er hoch am Himmel steht. Widerwillig scheint er die Erde zu verlassen. Ich folge ihm mit dem Blick und vergesse alles um mich herum ... Doch es ist sicher schon spät. Er neigt sich bereits hinab zum See, gleich wird er mich nicht mehr ansehen. Melancholie und Einsamkeit breiten sich wieder in mir aus. Aber ich bin nicht allein: Ein kleines weißes Wesen ist zu mir geschlichen. Toto springt auf meinen Schoß. Sie streckt sich zu ihrer vollen Größe aus, um mein Gesicht zu erreichen. Sanft betastet sie meine Wangen und scheint ganz beunruhigt von ihrer Blässe.

Der Sommer neigt sich seinem Höhepunkt zu, der Juli treibt uns hinauf in die Berge. Müssen wir nun wirklich unsere niedliche kleine Begleiterin zurücklassen, dic wir so lieben und umsorgen, die bei uns bereits einen festen Platz hat? Ein unerträglicher Kampf! Es fällt uns nicht leicht, Partei gegen uns selbst zu ergreifen. Wer könnte sich wohl jemals so liebevoll um sie kümmern wie ihr Frauchen und ihr zartes, kindliches Wesen so gut beschützen? Tagsüber fallen uns Tausende Gründe dafür ein, sie mit uns zu nehmen. Doch in der Nacht, die mir zuweilen erschreckend lichte Augenblicke beschert, habe ich die roten, klaffenden Mäuler der drei Wachhunde vor Augen, ich sehe Toto, die angsterfüllt in einer Ecke kauert, meine Stimme nicht mehr wiedererkennt, geschweige denn hört, und auf ewig in dieser roten Hölle verloren ist. Sie sollte besser hier bleiben.

Da erinnere ich mich an etwas. Vor ein paar Wochen ging ich morgens zum Markt und traf dort eine junge, hübsche Dame, die ebenso wie ich Blumen kaufte. Ihr anmutiges Auftreten, ihr freundliches Gesicht und die mütterliche Art und Weise, wie sie von ihren Pflanzen sprach, die ihr wohl allzu oft verwelkten, übten auf mich eine gewisse Anziehungskraft aus. Sie war Frau durch und durch, das ist dieser Tage selten! Ich gab ihr einige Ratschläge zu den Blumen und erfuhr, dass sie verwitwet und Mutter vierer wunderbarer Kinder war. Eine Frau, die ihre Kinder und Blumen liebt, kann sich auch für Tiere begeistern. Das brachte mich auf eine Idee. Schlussendlich erzählte sie mir noch, dass sie an einer Ecke des Marktplatzes ein hübsches Haus besaß. Seine grünen Fensterläden verliehen ihm ein gemütliches Äußeres; im Erdgeschoss befand sich ein prächtiger Laden für Kristallgläser, mit kleinen Nebengebäuden und einem langen Gang, an dessen Ende sich der sattgrüne Rasen eines Gartens erahnen ließ. Während wir immer wieder um das Haus herumgingen, stieg meine Versuchung. Wir waren uns einig: »Hier würde es Toto sicher gut gehen.«

Auf einer Reise hat man stets von allem zu viel dabei. Doch am Ende sind wir plötzlich arm und bedürftig, es mangelt uns an diesem und jenem: »Ich muss bei Madame C. noch etwas einkaufen …« Eines Morgens brauchen wir ganz dringend, so dringend wie nie zuvor, eine Zuckerdose. Ich möchte die schönste von allen kaufen. Doch leider fällt mein Vorhaben nicht auf fruchtbaren Boden: Alle Exemplare sind zurzeit ausverkauft. Würde ich nun eine Dose für dreißig Sous erwerben, könnte man mich fälschlicherweise mit der Masse der gewöhnlichen Kunden verwechseln.

Wenn man zu tief ergriffen ist, dann ist der Geist abwesend. »Nun aber!«, werden Sie vielleicht sagen. »Meine Güte, es ist doch nur ein Kätzchen!« Ja, durchaus. Aber wir sprechen hier von Toto! Man möge ihre Vorzüge nicht verkennen und sie mir nicht kaltherzig vorenthalten!

Eines grauen, traurigen Tages würde ich Bex so schnell verlassen, wie ich einst angereist war, doch heute war ein strahlend schöner Morgen! In der Luft lag eine süße Feuchtigkeit. Könnte sie eine mögliche, zögerliche Gegenwehr zum Einsturz bringen? Ich wagte es, den Vorschlag auszusprechen. Mehr noch als meinen Worten gelang es wohl meiner Miene, Madame C. zu überzeugen und mir ihr gutes Herz zu öffnen.

»Toto ist ja noch ein junges Kätzchen, da nehme ich sie gern bei mir auf. Vielleicht schafft sie es auch, unseren kleinen Schürzenjäger Miki zum Mann zu nehmen!«

Dieser Erfolg versetzte mich in Hochstimmung, und als ich zu meinem Gatten zurückkehrte, um ihm die frohe Botschaft zu überbringen, schien es mir fast, als würde mich der Abschied von Toto keine Tränen kosten. Doch, ach! Leider hatte ich nicht vorhergesehen, wie herzlich und liebevoll sie mich begrüßte und zu sagen schien: »Wo hast du bloß gesteckt? Du warst ganz schön lange fort!« Und schon lag meine Unbeirrbarkeit in Trümmern. Noch am selben Abend wollte ich Toto zu ihrem neuen Frauchen bringen. Zwei Tage später wollten wir bereits abreisen, und so würde ich wenigstens in Erfahrung bringen können, ob sie die Trennung von mir gut bewältigen konnte.

Wie eigenartig es doch war, dass mir unser letzter gemeinsamer Tag so träge und unendlich lang erschien. Mein schwaches, aufgeregtes, zögerndes Herz war zwischen Zweifel und Entschlossenheit hundertfach hin- und hergerissen.

Um sieben Uhr nahm ich Toto auf den Arm. Dort ließ sie sich vertrauensvoll fallen, wie sie es immer schon getan hatte. So gingen wir zusammen ans andere Ende des Dorfs. Madame C. saß auf einer Bank bei ihren Blumen und schien uns bereits zu erwarten.

Ohne ein Wort setzte ich ihr Toto auf den Schoß. Ich

wollte lächeln; Madame C. wandte den Blick ab, gab vor, nichts zu sehen und sagte: »Toto! Toto!« Am liebsten wäre ich ohne Umschweife fortgerannt … Doch ich musste mit den Kindern sprechen, die uns stumm und erstaunt ansahen. Ich musste sie darum bitten, sanft und friedfertig mit diesem Kätzchen umzugehen, das so Schlimmes durchlitten hatte und noch lange Zeit schwach sein würde.

Schweizer Kinder haben wirklich ein gutes Herz. Sie liefen los, um Miki zu suchen und ihn im Triumphzug in den Laden zu tragen. Toto machte Bekanntschaft mit ihm. Noch nie hatte ich etwas so Rührendes gesehen wie diese erste Begegnung. Es war eine Offenbarung. Ich weiß nicht, ob Toto glaubte, ihre Mutter wiederzusehen, von der sie doch schon bald nach ihrer Geburt getrennt worden war; sie wandte sich Miki zu und streckte die Pfoten nach ihm aus, wollte ihn auf diese Weise zu sich ziehen, sich an ihn schmiegen, ihm über das Fell lecken und augenscheinlich auch von ihm liebkost werden. Zwar hatte ihre Adoptivmutter sie geliebt und verwöhnt, aber dennoch wurde hier deutlich, wie sehr die arme Kleine unter der frühzeitigen Trennung von ihrer Katzenmutter gelitten hatte.

Wie alle Kater war Miki recht zurückhaltend, und zunächst schien er diese kindlichen, zugleich sachten und überschwänglichen Zärtlichkeiten überhaupt nicht zu verstehen. Doch Toto hatte etwas anderes im Sinn: Sie wollte, dass er ihre Avancen erwiderte. Rasch, flink und schon bald sogar ungeduldig angesichts solcher Seelenruhe, schien sie zu sagen: »Nun beweg dich doch endlich!« Ihr schwarzer Verlobter, ein wohlerzogener Kater, der vielleicht schon weit in die Zukunft zu blicken wusste, war ein wahres Samtpfötchen. Seine Haltung sagte: »Ich muss sie beschützen. Sie ist ja so klein!«

Und Madame Michelet ...? Sie wurde nicht weiter beachtet. Es liegt in der Natur der Dinge, dass Kinder immer ein wenig undankbar sind. Doch ihre Mütter lieben sie darum nicht weniger: Stets sind sie findig genug, Partei gegen sich selbst zu ergreifen.

Als ich am nächsten Morgen erwachte, kam mir mein Zimmer zu groß und zu leer vor. Streicheln oder ermahnen konnte ich nun niemanden mehr. Auch musste ich keine Mahlzeit mehr zubereiten. Das Glas Milch, das ich am Vorabend aus Gewohnheit auf den Boden gestellt hatte, stand noch randvoll dort, wie um von einer Abwesenheit zu erzählen.

Mechanisch ging ich zur Ecke des Marktplatzes ... Das Haus betreten wollte ich natürlich nicht, dazu war es noch viel zu früh. Aber wenn Toto an der Tür saß, könnte ich sie rufen. Ob sie mich noch erkennen würde?

Toto war nicht da. Die Apotheke lag gleich gegenüber. Dort kaufte ich Lindenblüten, obwohl ich keine brauchte. Mademoiselle C. hatte mich gesehen und eilte herbei. »Ich weiß nicht, was heute Nacht mit der armen Toto passiert ist. Vielleicht hatte sie einen Anfall, und nun öffnet sie eines ihrer Augen nicht mehr.«

Wir betraten das Hinterzimmer des Ladens, wo Toto schlief. Als sie mich erblickte, stand sie auf und kam auf mich zu, wankend, als sähe sie nicht mehr richtig. Bei diesem traurigen Trippeln musste ich an meine ersten Tage mit der armen Toto zurückdenken, und mir wurde schwer ums Herz. Mich überkam die unwiderstehliche Versuchung, sie wieder mit mir zu nehmen. Doch in den Worten der jungen Frau steckte so viel Aufrichtigkeit, ganz offensichtlich wollte sie unbedingt ihren guten Willen unter Beweis stellen, und da wäre es unschicklich gewesen, ihr Toto wegzunehmen. So ließ ich sie vertrauensvoll in ihrer Obhut und, man möge mir dieses Geständnis verzeihen, lief ans Ufer des Avançon, wo ich wie ein kleines Mädchen in Tränen ausbrach.

Angesichts meiner Erschöpfung und meiner Stille begriff mein Mann sofort, dass etwas passiert war. Nach dem Mittagessen ging er ohne ein weiteres Wort hinaus, entschlossen, Toto zurück zu mir zu bringen, wenn sie in ihrem neuen Zuhause unglücklich war. Doch inzwischen stand die Sonne warm am Himmel. Toto hatte all ihre Lebhaftigkeit wiedergewonnen, und auch wenn sie noch nicht viel sah, verfolgte sie aufmerksam das Treiben von Monsieur Miki. Und die jungen Damen waren so reizend! Wie glücklich wir uns doch schätzen konnten, dass wir sie kennengelernt hatten. Als mein Mann wieder bei mir war, ließ er mich wissen, wie schnell sich seine Entschlossenheit aufgelöst hatte, und ich verstand, dass es das Beste war, sowohl für sie als auch für mich, Toto nicht mehr wiederzusehen.

Und so gingen wir auseinander. Ein Freund von uns, der nach uns ebenfalls einige Zeit in Bex verbrachte, versprach mir, sehr genau Ausschau nach meiner lieben Toto zu halten. Doch auch er musste das Land bald verlassen.

Während ich diese Zeilen niederschreibe, lese ich in einem Brief von Madame C. das Neueste: »Toto ist noch immer ganz die Alte. Offenbar hat sie nichts vergessen, sie ist noch immer anschmiegsam und liegt gern auf meinem Schoß. Sie ist wirklich eine wunderbare Katze. Ihrem schwarzen Gatten geht es gut, die beiden sind unzertrennlich. Ich denke, dass sie spätestens im März Junge bekommen werden.«